重尾性極值模型下
操作風險監管
遺漏風險研究
基於操作風險度量不確定性視角

莫建明、謝昊洋、卿樹濤 著

財經錢線

前　言

在次貸危機中，全球銀行暴露出嚴重的資本數量不足問題，表明 BASELⅡ（巴塞爾協議Ⅱ）資本計提公式低估了監管資本，存在風險監管遺漏問題。已有實證研究表明操作風險具有顯著的重尾性。在高置信度下重尾性操作風險度量結果存在顯著的不確定性，若以點估計值來要求監管資本，監管資本與實際風險暴露不匹配，必然導致風險監管遺漏問題。監管資本度量誤差表徵了監管遺漏風險暴露的程度，通過研究度量誤差變動規律即可獲知監管遺漏風險暴露變動特徵。為此，本書根據操作風險誤差傳遞原理，估計出監管資本度量誤差。本書假設操作損失強度為重尾性極值模型，對度量誤差隨監管資本變動規律進行系統研究。本書為改革監管資本要求方式提供了理論依據，不僅深化了 BASELⅢ（巴塞爾協議Ⅲ）緩衝資本改革方案，從操作風險角度為該資本緩衝範圍和額度的確定找到了一種嘗試性方法，而且為防止模型和計量錯誤導致的風險，找到了一種可能的解決辦法。通過以上研究，得到如下創新性結論。

（1）在系統歸納操作風險度量不確定性的影響因素後發現，操作風險度量存在顯著的不確定性。影響因素主要有兩個方面：①操作損失強度分佈模型存在外推問題。高置信度下的操作損失樣本量非常匱乏。這種特徵導致了損失樣本內的模型外推和損失樣本外的模型外推以及操作風險度量不確定性問題。②操作樣本存在異質性問題。在內外部損失樣本共享數據庫時，不僅存在損失門檻差異，而且存在機構內外部環境等差異而導致的樣本異質性，從而導致操作風險度量不確定性。

（2）鑒於重尾性操作風險存在不可忽視的度量誤差，在監管資本點估計值要求方式下，可以通過預測度量誤差來估計監管遺漏風險暴露的程度，為此，第 4 章假設損失強度分佈為重尾性極值模型 Weibull 分佈和 Pareto 分佈，從理論上探討了操作風險監管資本的相對誤差隨監管資本變動的特徵，並進行了實例分析，得出如下結論：①在監管資本相對誤差為 V_1 情況下，當操作損失強度為 Weibull 分佈時存在極值風險狀態點 $m = V_{\lambda_w}^2 / V_{\xi_w}^2$； 當操作損失強度為 Pareto 分佈時存在極值風險狀態點 $y = V_{\lambda_p}^2 / V_{\xi_p}^2$。②在監管資本相對誤差為 V_2 情況下，當操作損失強度為 Weibull 分佈時存在極值風險狀態點 $\Delta b_{\xi_w}^2 \sigma_{\xi_w}^2 = \Delta b_{\lambda_w}^2 \sigma_{\lambda_w}^2$（圖 4-4 區域 CD）；當操作損失強度為 Pareto 分佈時存在極值風險狀態點 $\Delta b_{\xi_p}^2 \sigma_{\xi_p}^2 = \Delta b_{\lambda_p}^2 \sigma_{\lambda_p}^2$。

通過相對誤差研究發現，隨著操作風險變動，度量誤差變動趨勢存在不確定性，且存在極值風險狀態點。在該極值風險狀態點，存在度量誤差比監管資本大得多的情形。因此，有必要深入研究絕對誤差變動規律。

（3）監管資本相對誤差研究結果表明了極值風險狀態點的存在性，第 5 章進一步研究了絕對誤差隨監管資本變動的特徵，並進行了實例分析，得出如下結論：當操作損失強度為 Weibull 分佈時存在極值風險狀態點：V_1（圖 5-1 區域Ⅱ）、V_1（圖 5-1 區域Ⅲ）、V_1（圖 5-2 區域Ⅱ）、V_1（圖 5-2 區域Ⅲ）以及 V_1（圖 5-2 區域Ⅳ），當操作損失強度為 Pareto 分佈時存在極值風險狀態點 $V_1(V_1)$。可見，隨著操作風險變動，絕對誤差變動趨勢線是一條存在多個極值風險狀態點的曲線。

在極值風險狀態下，相對於監管資本來說，度量誤差可能會突然變得非常大（趨於無窮大），這意味著監管遺漏風險暴露程度會變得很大（以致趨於無窮大）。這些監管遺漏風險必然會對金融機構安全構成致命威脅，可能形成金融危機。因此，必須完善巴塞爾協議金融風險監管，為該類監管遺漏風險要求監管資本。

在理論上，度量誤差反應監管資本變動範圍，所對應的風險是一類或有風險。「緩衝性」資本體現了該類風險的「或有性」，因此，度量誤差所導致的監管遺漏風險應以「緩衝性」資本來進行要求。可見，為徹底解決巴塞爾協議監管遺漏風險問題，必須針對風險監管遺漏產生的根源，為度量誤差所導致的監管遺漏風險要求監管資本。也就是說，須將目前 BASEL Ⅲ 監管資本點估計值要求方式改革為緩衝資本要求方式。

目　錄

1　緒論

1.1　研究背景

美聯儲不斷加息，使美國住房市場持續降溫，引起美國次級房屋信貸行業違約劇增，進而產生信用緊縮問題，最終於 2007 年夏引起國際金融市場恐慌，爆發了自美國 20 世紀 30 年代「大蕭條」以來最為嚴重的一次金融危機。次貸危機極大地衝擊和破壞了國際金融秩序，使全球金融市場產生強烈的信貸緊縮效應，充分暴露出國際金融體系所累積的系統性金融風險，並直接催生了 BASEL Ⅲ（巴塞爾協議Ⅲ）。

針對次貸危機暴露的國際金融監管的制度漏洞，國際金融監管治理架構發生重大變革。二十國集團（G20）金融峰會在推動國際金融監管改革方面正在發揮關鍵性作用。以中國為代表的新興市場國家對全球經濟增長以及金融穩定的影響顯著增強，為此，2009 年 4 月 2 日在倫敦舉行的 G20 峰會，決定將金融穩定理事會（FSB）成員擴展為包括中國在內的所有 G20 成員，並將金融穩定論壇（FSF）更名為金融穩定理事會（Financial Stability Board，FSB）。金融穩定理事會在監督、協調國際金融監管等方面發揮著重要作用。巴塞爾銀行監管委員會（BCBS）先後於 2009 年 4 月和 5 月兩次擴員［中國同期加入 BCBS，中國人民銀行和中國銀行業監督管理委員會（以下簡稱銀監會）為會員單位］。由此可見，巴塞爾監管資本協議成為國際金融監管的共同準則。

針對次貸危機暴露的問題，2010 年 9 月 12 日，巴塞爾委員會決策委員會

（GHOS）就方案基本達成一致，11 月 12 日，G20 首爾峰會正式批准通過了 BASELⅢ：針對資本質量較差、風險覆蓋不全面、親週期效應、槓桿率過高等問題，提高資本監管標準並補充槓桿率指標；針對流動性管理不足問題，引入流動性監管標準；針對治理缺陷問題，明確銀行風險治理架構要求。

BASELⅢ所進行的上述改革措施，是針對次貸危機問題的現象進行的一種補漏式改革。監管部門希望通過 BASELⅢ改革使銀行減少高風險業務，保證銀行持有足夠的監管資本，在不依靠政府救助的情況下，能夠獨自應對未來可能發生的各種金融危機。因此，提高監管資本質量和增加資本數量，成為 BASELⅢ改革的核心內容。例如，針對資本質量不佳問題，將「核心」一級資本（普通股）比率要求從 BASELⅡ（巴塞爾協議Ⅱ）的 2%提升至 4.5%；針對嚴重經濟和金融衰退給銀行體系帶來的損失問題，增加 2.5%的留存超額資本（普通股）要求；針對親週期效應問題，增加 0～2.5%的反週期超額資本；因監管體系尚未對槓桿率進行一致的監管，增加 4%的槓桿率監管標準。

顯然，BASELⅢ改革監管資本主要是針對次貸危機出現的問題來進行的，實際上，金融機構的監管資本數量是根據 BASELⅡ第一支柱（最低資本要求）來進行計算的，次貸危機中暴露出監管資本數量不足很可能與監管資本度量及其要求方式有關。通過梳理巴塞爾協議發現，監管資本度量具有以下兩方面顯著特徵。

（1）監管資本度量對象是威脅金融機構安全的重尾性金融風險，其度量結果存在顯著不確定性。

一般來說，直接導致金融機構倒閉的風險是重尾性金融風險。如果金融風險不具有重尾性，如風險損失呈現正態分佈，那麼，相對於預期損失，其非預期損失很小，該類風險不會威脅金融機構安全。但是，重尾性風險的非預期損失比預期損失大很多，該潛在風險損失一旦發生，很可能對金融機構形成致命威脅，必須通過計提監管資本來進行防範。大量實證研究表明凡是威脅金融機構安全的金融風險都具有顯著重尾性。可見，巴塞爾協議將重尾性金融風險作為監管對象不僅具有理論基礎，而且是金融監管實踐的要求。針對重尾性風險的特徵，巴塞爾協議所要求的監管資本度量置信度非常高（信用風險內部模型法為 99%，操作風險高級計量法為 99.9%）。在高置信度下，重尾性風險的度量屬於極值問題，存在的不確定因素比其他統計問題多，其度量結果存在不可忽視的不確定性。

（2）監管資本為間接度量法，不可避免地存在模型偏差和度量誤差等度量不確定性問題。

無論是市場風險、信用風險還是操作風險，其監管資本都不能直接度量，只能間接度量。例如，針對操作風險，巴塞爾協議提出了基本指標法、標準法和高級計量法三類度量方法，不同度量方法下度量結果差異非常大。高級計量法有計分卡法、損失分佈法、貝葉斯法及信度模型等可以選擇，不同類型的度量模型下度量結果都存在顯著的模型偏差。即使在同一度量方法如損失分佈法下，也存在度量偏差（King，2001）。由於間接度量法原理本身存在缺陷，度量模型各個參數的估計誤差會通過傳導（誤差傳遞理論）放大度量結果誤差，進一步加劇重尾性風險度量結果的不確定性。

巴塞爾協議的監管對象為重尾性金融風險，監管資本度量客觀上存在顯著不確定性，其間接度量法所導致的模型偏差和度量誤差進一步加劇了監管資本度量的不確定性。由此可見，監管資本客觀上存在不可忽視的度量不確定性，但是，巴塞爾協議以某一置信度下的點估計值來要求監管資本，兩者間存在矛盾。這必然導致金融監管存在遺漏風險。因此，以操作風險為例，在損失分佈法下，通過研究監管資本度量的不確定性，來獲知監管遺漏風險，具有重要的現實意義。

1.2 操作風險內涵界定

當前，業界和理論界從廣義和狹義兩方面給出了操作風險概念。

廣義的操作風險將市場風險和信用風險以外的所有風險都歸入操作風險。該定義優點在於將一切其他風險中不包含的所有剩餘風險都歸為操作風險，但是，該定義存在很明顯的不足：①若要採納該定義需要一個前提：已經很明確地界定了信用風險和市場風險的內涵，且能夠將它們完全區別開來。但是，導致操作風險的因素很複雜。想要清楚地區分操作風險和信用風險、市場風險存在很大困難。②該定義沒有針對性。根據該定義，操作風險度量方法只能是自上而下法。這類方法度量誤差非常大，風險敏感性很低，不能系統地指導操作風險監管。

狹義的操作風險認為，應將在金融機構中與業務部門的產品線相關的風險歸入操作風險，即由控制、系統以及營運中的錯誤或疏忽而帶來潛在損失的風險，但是，應將聲譽、法律、人力資源等方面的風險排除在操作風險內涵外。該定義將每個後臺部門的管理重點集中到它們所面臨的主要風險上，使操作風險管理對象非常明確，能夠提高管理的有效性。但是，該定義沒有將在以上分類以外的細分操作風險納入管理，遺漏掉的風險將得不到有效管理，諸如法律風險等類型的操作風險給金融機構帶來的潛在損失非常巨大，甚至是致命威脅。

由於操作風險的廣義概念和狹義概念存在缺陷，為有效地監管操作風險，巴塞爾委員會從關注操作風險開始，就致力於尋求操作風險的一個恰當界定。2003 年的 CP3 中巴塞爾委員會將操作風險定義為：由於不完善或失靈的內部程序、人員和系統或外部事件導致損失的風險。通過不斷實踐和研究，2004 年 6 月，巴塞爾委員會頒布新巴塞爾協議，將操作風險定義為：由不完善或有問題的內部程序、人員及系統或外部事件所造成損失的風險，包括法律風險，但不包括策略風險和聲譽風險。對操作風險進行上述界定的理由主要在於：①銀行在經營活動過程中會經常性地涉及法律問題，因法律問題導致的損失可通過嚴格管理而得到降低或避免。若管理法律問題的制度出現缺陷，可能導致危及銀行安全的重大損失，因此，應將法律風險納入操作風險。②策略風險是銀行為提高盈利能力所應承擔的風險。銀行為實現利潤主動承擔了相關的商業風險、信用風險和市場風險，是銀行自身正常商業行為。操作風險產生的原因主要是制度缺陷所導致的犯罪行為等，應區別於策略風險。儘管該風險可能對銀行造成重大影響，但不能包含在操作風險中。③聲譽風險的界定和度量很困難，所以也被排除在外。

新巴塞爾協議給出的操作風險概念是建立在實用主義基礎上的，也存在某些缺陷。新巴塞爾協議對操作風險的內涵和外延都進行了非常明確的界定，但是，事實上操作風險產生的原因、所導致事件的表現形式以及後果都很複雜。

而且，操作風險與信用風險、市場風險的界限在某些情況下很難明確，只有通過操作風險監管規定和管理部門以裁決方式解決。因此，新巴塞爾協議給出的定義會有不完美之處。儘管如此，該定義是在綜合考慮操作風險度量與管理等諸多因素的基礎上，經業界和理論界多年研究後給出的，可操作性強，因此，在新巴塞爾協議中對該定義進行明確，對操作風險的度量與監管具有重大意義。本書的研究將以新巴塞爾協議給出的操作風險定義為基礎進行展開。

1.3 操作風險度量的基本方法

如何合理準確地度量操作風險，進而管理操作風險是銀行的當務之急。通常，操作風險度量方法主要有兩個：自上而下法和自下而上法。

自上而下法是假設對銀行內部操作風險狀況不瞭解，將其作為一個黑箱，對其市值、收入、成本等變量進行分析，然後計算操作風險大小的方法。這類方法主要包括 CAPM（資本資產定價模型）、基本指標法、波動率模型等。這類方法對數據要求不高，但所得結果準確性也不高。

自下而上法則是在對銀行各條產品線的操作損失狀況進行深入研究後，對每條產品線中的每一操作損失類型都分別進行度量，最終將所有的度量結果合成為整個銀行總的操作風險的方法。這類方法主要包括損失分佈法、內部衡量法、計分卡法、因果模型法、Delta 法、極值模型以及 Bayesian 網絡模型等。這類方法要求有完善的操作損失事件記錄，所得結果比自上而下法準確。

在新巴塞爾協議中，按照銀行風險管理水準由低到高以及對操作風險認識的逐漸提升，可依次使用基本指標法、標準法以及高級計量法度量操作風險。這三種方法的複雜性和風險敏感度依次遞增。度量方法越高級，需要的損失事件信息越多，相應地，操作風險度量結果越準確。以下對這三種度量方法分別進行介紹。

1.3.1 基本指標法

基本指標法（Basic Indicator Approach，BIA）是最初級的度量方法。採用基本指標法的銀行持有的操作風險資本應等於前 3 年總收入的平均值乘以一個固定比例（用 α 表示）。監管資本計算公式為

$$K_{BIA} = GI \times \alpha$$

式中，K_{BIA} 為基本指標法所需資本；GI 為前 3 年總收入的平均值；α 為系數，$\alpha = 15\%$，由巴塞爾委員會設定，將行業範圍的監管資本要求與行業範圍的指標聯繫起來。

其中，總收入定義為：淨利息收入加上非利息收入。這種計算方法旨在：①反應所有準備（如未付利息的準備）的總額；②不包括銀行帳戶上出售證券實現的利潤（或損失）；③不包括特殊項目以及保險收入。

基本指標法假設操作風險僅與收入大小有關，沒有將不同產品線類型的特性納入模型，這必然導致度量結果的偏差。這種方法忽略了金融機構自身的風險特徵，風險敏感性很差。該方法是新巴塞爾協議確定的金融機構在操作風險度量的初始階段中使用的度量方法。

1.3.2 標準法

鑒於基本指標法是一種很粗略的度量方法，沒有考慮到因產品線特徵不同而導致的操作風險差異，因此，新巴塞爾協議在對基本指標法進行改進的基礎上進一步提出了標準法（standardized approach，SA）。

在標準法中，銀行業務分為 8 條產品線：公司金融（corporate finance）、交易和銷售（trading & sales）、零售銀行業務（retail banking）、商業銀行業務（commercial banking）、支付和清算（payment & settlement）、代理服務（agency services）、資產管理（asset management）和零售經紀（retail brokerage）。計算各產品線資本要求的方法是：各條產品線總收入乘以該產品線適用的系數（用 β 值表示）。將各產品線監管資本簡單加總得到總監管資本，其計算公式為

$$K_{SA} = \sum (GI_{1-8} \times \beta_{1-8})$$

式中，K_{SA} 為用標準法計算的資本要求；GI_{1-8} 為 8 條產品線中各產品線過去 3 年的年均總收入；β_{1-8} 為由委員會設定的固定百分數，建立 8 條產品線中各產品線的總收入與資本要求之間的聯繫。各條產品線的 β 值詳見表 1-1。

表 1-1　　不同產品線的 β 系數

產品線	公司金融 (β_1)	交易和銷售 (β_2)	零售銀行業務 (β_3)	商業銀行業務 (β_4)	支付和清算 (β_5)	代理服務 (β_6)	資產管理 (β_7)	零售經紀 (β_8)
β 系數(%)	18	18	12	15	18	15	12	12

和基本指標法相比，標準法主要在兩方面進行了改進：①分別按各條產品線計算總收入，而非在整個機構層面計算。例如，公司金融指標採用的是公司金融業務產生的總收入。在各條產品線中，總收入是廣義指標，代表各條產品線的業務經營規模，因此，大致代表各產品線的操作風險暴露。②各條產品線的 β 值的設定考慮到因產品線特性不同而導致的操作風險大小的差異。β 值代表行業在特定產品線的操作風險損失經驗值與該產品線總收入之間的關係，由表 1-1 可看出，不同產品線的 β 值存在差異。

基本指標法和標準法都假設操作風險僅與收入大小有關，且是一種簡單的線性關係，這顯然是有缺陷的。Shih 等（2000）研究發現操作損失強度與總收入存在非線性關係，而且總收入僅能解釋 5%的損失強度，95%的損失強度主要與產品線類型、管理質量以及環境控制的有效性等有關。因此，這兩種方法的度量結果都存在很大偏差。

1.3.3　高級計量法

為了能夠更加準確地度量操作風險，新巴塞爾協議進一步提出了高級計量法（Advanced Measurement Approaches，AMA）。該方法規定銀行在符合新巴塞爾協議規定的定量標準和定性標準的條件下，可以通過內部操作風險計量系統計算監管資本。監管當局要求使用高級計量法應獲得監管當局的批准，且詳細規定了使用高級計量法的資格標準、定性標準以及定量標準。

巴塞爾協議所提出的基本指標法、標準法和高級計量法都屬於間接度量法。在這三類度量方法下，操作風險度量結果差異非常大。由於新巴塞爾協議鼓勵各金融機構發展自己的高級計量法，該類方法成為業界和理論界研究的熱點。以下將在損失分佈法下，介紹操作風險度量不確定性問題。

1.4 損失分佈法下操作風險度量

損失分佈法（loss distribution approach，LDA）源自保險精算模型。2001年，巴塞爾委員會諮詢文件提出了應用損失分佈法度量操作風險的基本思想，認為損失分佈法是指在操作損失事件的損失頻率和損失強度的有關假設基礎上，對產品線/損失事件類型矩陣中的每一類操作損失的損失頻率分佈和損失強度分佈分別進行估計，並複合成複合分佈，從而計算出某一時期一定置信度 α 下，該類型操作損失複合分佈的操作風險價值［the Operational VaR，OpVaR(α)］的方法。進一步地，Frachot 等（2001）對在損失分佈法應用於操作風險度量時所存在的理論問題進行了系統研究。下面簡單介紹損失分佈法的基本原理。

新巴塞爾協議將銀行產品線 i 分為 8 條，每條產品線下有 7 類損失事件 j，因此，產品線與損失類型進行組合 (i, j) 後形成 56 個操作損失類型。某一組合 (i, j) 的操作損失為

$$S(i, j) = X_1 + X_2 + \cdots + X_N$$

式中：N 為第 i 條產品線與第 j 類風險組合 (i, j) 的操作風險在特定時期 t 內的損失頻數；X 為損失強度；$S(i, j)$ 為該產品線在特定時期 t 內的總損失金額。

一般地，操作損失頻數分佈 $p_t(\cdot)$ 可能為 Poisson 分佈或者負二項分佈；操作損失強度分佈 $F(\cdot)$ 為連續分佈，可能為對數正態分佈、Weibull 分佈、廣義 Pareto 分佈等。

在損失分佈法下，銀行根據每一組合 (i, j) 的損失樣本，估計出損失強度分佈 $F(\cdot)$ 和損失頻數分佈 $p_t(\cdot)$，複合為該組合 (i, j) 的總量分佈 $G_t(x)$：

$$G_t(x) = \begin{cases} \sum_{n=1}^{n} p_t(n) F^{*n}(x) \cdots\cdots\cdots\cdots x > 0 \\ p_t(0) \cdots\cdots\cdots\cdots\cdots\cdots\cdots\cdots x = 0 \end{cases} \tag{1-1}$$

式中，x 為損失強度；n 為損失頻數；t 為操作風險度量的目標期間；$F^{*n}(\cdot)$ 為損失強度分佈函數的卷積。

根據式（1-1），預期損失 $\mathrm{EL}(i,j)$ 為

$$\mathrm{EL}(i,j)=\int_0^\infty x dG_t(x)$$

在置信度 α 下，非預期損失 $\mathrm{UL}(i,j,\alpha)$ 為

$$\mathrm{UL}(i,j,\alpha)=G_t^{-1}(\alpha)-\mathrm{EL}(i,j)=\inf\{x\mid G_t(x)\geqslant\alpha\}-\int_0^\infty x dG_t(x)$$

如果銀行表明在內部業務實踐中能準確計算出預期損失，且說服所在國監管當局，自己已計算並包括了預期損失，那麼監管資本可僅以非預期損失計提：

$$\mathrm{CaR}(i,j,\alpha)=\mathrm{UL}(i,j,\alpha)$$

否則，銀行必須通過加總預期損失（EL）和非預期損失（UL）得出監管資本，即

$$CaR(i,j,\alpha)=\mathrm{EL}(i,j)+\mathrm{UL}(i,j,\alpha)=G_t^{-1}(\alpha)$$

若銀行能夠詳細說明各組合間的相關性，則可根據有關公式計算考慮相關性後的監管資本總量；否則，須直接加總所有組合（i，j）的監管資本，作為銀行監管資本總量。

從巴塞爾委員會 2004 年的調查報告看，損失分佈法是業界用於操作風險度量的主要方法。實際上，從操作風險引起關注開始，該方法就成為理論界研究的熱點之一。在損失分佈法下，由式（1-1）可知，度量操作風險的操作損失分佈為由損失強度分佈 $F_{i,j}$ 和損失頻數分佈 $p(i,j)$ 複合而成的複合分佈函數 $G_{i,j}$。

操作損失頻數分佈 $p_t(\cdot)$ 為離散分佈，可能為 Poisson 分佈或者負二項分佈。根據操作損失發生頻數的特性，操作損失頻數分佈 $p_{\Delta t}(\cdot)$ 可以用 Poisson 分佈來擬合，但是該分佈不能反應樣本超離散性，負二項分佈卻提供了較好的解決途徑。Gourier 和 Farkas 等（2009）實證研究發現當置信度為 99.9%時，兩分佈下監管資本的差異非常小，負二項分佈下的監管資本比 Poisson 分佈下多大約 5%，但是存在監管資本高估問題。Fengge 和 Hongmei 等（2012）也發現 Poisson 分佈能較好地擬合操作損失頻數分佈。

操作損失強度分佈 $F(\cdot)$ 為連續分佈，可能的分佈有對數正態分佈、Weibull 分佈、Pareto 分佈等。根據 BASEL Ⅱ 操作風險高級計量法的穩健標準

規定：「銀行必須表明所採用的方法考慮到了潛在較嚴重的概率分佈『尾部』損失事件。無論採用哪種方法，銀行必須表明，操作風險計量方式符合與信用風險 IRB 法相當的穩健標準（例如，相當於 IRB 法，持有期 1 年，99.9%置信區間）。」可見，監管資本是操作風險尾部風險度量結果。大量實證研究結果都表明操作風險具有顯著重尾性。可見，在高置信度（99.9%）下，度量監管資本的操作損失強度分佈主要為具有重尾性的極值模型。一般地，在損失分佈法下，實證研究主要根據操作損失強度分佈特性來判別操作風險重尾性。因此，損失分佈法下操作風險監管資本度量實證研究的主要對象為操作損失強度分佈模型：具有重尾性的極值模型。

操作損失強度一般可分為三類：一般損失、巨大損失和極端損失。從操作損失發生的頻數看，一般損失發生損失頻數最大，巨大損失次之，極端損失最小。但是，相對於正態分佈而言，操作損失強度分佈極端損失發生頻數很大，而且損失強度很高，巨大損失也具有類似特徵。也就是說，操作損失強度分佈的尾部分佈與正態分佈相比不僅拖尾長而且厚度更厚，以至於不存在高階矩。這類損失發生的直接後果就是金融機構倒閉破產。因此，這類操作風險成為巴塞爾協議防範的主要對象。

Embrechts 和 Klüppelberg（1997）等建議用極值模型度量尾部風險，並系統探討了該模型在金融保險中的應用問題。自巴林銀行事件後，人們對操作損失數據庫進行了大量的實證研究，其結果表明極值模型能夠較好地度量這類極端損失操作風險事件，因此，極值模型被廣泛應用於操作損失強度樣本擬合。

極值模型主要有兩類：廣義極值分佈模型（又稱經典區組樣本極大值模型，Block Maxima Method，BMM）和廣義 Pareto 模型（Generalised Pareto Distribution，GPD）。目前，操作風險尾部度量的相關研究也主要從這兩類極值模型出發來展開。Embrechts 和 Furrer 等（2003）認為，以極值模型估計操作損失分佈高置信度的分位數時，操作損失數據樣本須滿足獨立同分佈的假設，且須達到一定的樣本量。Cruz（2004）不僅在理論上研究了極值模型在操作風險度量中的應用問題，而且進行了實踐性探討。Giulio 和 Roberto（2005）以極值模型對操作風險進行實證研究後發現，度量結果高度依賴於分佈的形態類型。大量實證研究結果表明操作風險具有顯著重尾性，操作損失強度樣本的最佳擬合分佈為重尾性分佈 Pareto 分佈和 Weibull 分佈。

(1) 當以廣義 Pareto 分佈來擬合操作損失強度樣本時，實證研究表明形狀參數大於 0，即操作損失強度分佈為 Pareto 分佈。

巴塞爾委員會於 2002 年在全球範圍內進行了一次操作損失樣本收集，下述兩文獻分別對此操作損失數據樣本進行了實證研究。Fontnouvelle 和 Rosengren 等（2004）以 Weibull 分佈、伽瑪分佈、對數伽瑪分佈、Pareto 分佈等分佈進行比較研究，分析結果表明損失分佈表現出顯著厚尾性。Moscadelli（2004）認為極值模型 GEV 和 GPD 是研究操作損失強度分佈尾部特性的有用工具，其形狀參數大小決定了損失強度分佈的厚尾程度，並且以 GPD 對操作損失強度樣本進行實證研究後發現，形狀參數大於 0，即操作損失強度為 Pareto 分佈。

Annalisa 和 Claudio（2003）用廣義 Pareto 分佈模擬操作風險嚴重性的尾部特徵後發現，極值模型能很好地擬合操作風險尾部分佈狀況。Fontnouvelle 和 Virginia（2003）分析了低頻高強度操作損失數據樣本，發現 Pareto 分佈能較好地擬合損失強度分佈。

Dutta 和 Perry（2006）對 2004 年調查收集的操作損失數據進行了實證研究，以指數分佈、伽瑪分佈、廣義 Pareto 分佈、對數正態分佈、Weibull 分佈等多種模型在不同銀行、不同產品線和不同損失類型上對損失強度進行了擬合檢驗，發現損失強度分佈具有明顯厚尾性。Chavez-Demoulin 等（2006）認為極值模型是度量低頻高強度操作風險的最優方法，且探討了當以 Pareto 分佈擬合操作損失強度時，在置信度 99.9%下操作風險價值的估計問題。Allen 和 Bali（2007）認為銀行風險暴露會受到經濟週期性波動的影響，從而使風險監管資本度量產生偏差，且以 GPD 模型實證檢驗了操作風險度量中週期性風險因子的存在。Gourier 和 Farkas 等（2009）以 GPD 來擬合操作損失強度樣本後發現，其形狀參數大於 0，即損失強度分佈為 Pareto 分佈。

陳學華等（2003）將 POT 模型應用於度量商業銀行的操作風險，認為 POT 模型可以準確描述分佈尾部的分位數。張文和張屹山（2007）以中國某商業銀行從 1988 年到 2002 年的操作風險事件為樣本，利用 POT 模型估計出在一定置信度下的 VaR 和 ES 值。高麗君等（2006，2007）系統探討了極值理論在中國商業銀行操作風險度量中的應用，認為採用傳統 Hill 估計方法對小樣本數據進行尾參數估計易產生偏倚，因此採用改進的 Hill 方法（小樣本無偏估計的 HKKP 估計）來估計操作損失分佈的尾參數，採用了最小化估計的累積概率分佈與經驗累積概率分佈平均平方誤差的方法確定閾值，估計出操作風險價值。

（2）當以廣義極值分佈模型來擬合操作損失強度樣本時，實證研究表明操作損失強度分佈為 Weibull 分佈。

Georges 和 Hela（2008）對某銀行損失強度樣本進行了實證分析，以 Weibull 分佈擬合強度分佈的主體部分，以 Pareto 分佈擬合強度分佈尾部。Ariane 和 Yves 等（2008）以某銀行損失樣本分別擬合了 LogNormal 分佈、Weibull 分佈以及 Pareto 分佈，並探討了管理措施對風險調整後收益（RAROC）的影響。Fengge 和 Hongmei 等（2012）用廣義極值分佈擬合操作損失強度樣本後發現，其形狀參數大於 0，即屬於 Weibull 分佈。Dionne 和 Dahen（2008）以 Weibull 分佈擬合操作損失樣本，並估計出損失分佈特徵參數。

史道濟（2006）將厚尾分佈定義為：如果隨機變量的峰度大於 3（正態分佈峰度等於 3），則稱該隨機變量對應的分佈為厚尾分佈。但是，在某些情況下極值分佈的高階矩不存在，因此，其分佈的尾部厚薄狀況就不能用厚尾分佈的概念來進行刻畫，須用另一概念——重尾性分佈來描述。

史道濟將重尾性分佈定義為：如果存在正整數 k，使得 $\int_0^{\infty} x^k \mathrm{d}F(x)$ 無窮，則稱分佈 $F(x)$ 的上尾是重尾的，類似可定義下尾是重尾的情況。Embrechts 和 Klüppelberg（1997）認為，如果分佈的密度函數以冪函數的速度衰減至 0，那麼該分佈是重尾的。

因此，不管隨機變量的高階矩是否存在，「重尾性」概念都能很好地刻畫操作風險尾部厚薄狀況，從而使分佈尾部厚薄狀況的描述具有一般性。在極值分佈模型中，形狀參數值大小表示了分佈尾部厚度狀況。對於 Pareto 分佈，形狀參數越大，分佈尾部厚度越大；反之，尾部厚度越小。對於 Weibull 分佈，形狀參數越小，分佈尾部厚度越大；反之，尾部厚度越小。

根據國內外文獻對損失強度的實證研究，重尾性極值模型 Pareto 分佈和 Weibull 分佈是操作損失強度樣本的最佳擬合分佈。實際上，理論研究表明在極值模型中僅 Pareto 分佈（屬於 GPD）和 Weibull 分佈（屬於 GEV）為重尾性極值模型（楊洋和王開永，2013）。可見，重尾性極值模型成為操作損失強度的最佳分佈具有理論依據。在重尾性極值模型下研究操作風險度量問題具有重要的理論意義與實踐意義。

1.5 損失分佈法度量的不確定性

重尾性極值模型存在的不確定因素比其他統計模型多，其度量結果存在嚴重的不確定性問題。目前，已有文獻主要從監管資本度量不確定性類型、模型偏差和度量誤差的實證研究、度量誤差傳播機理、監管資本度量誤差變動規律四個方面來展開研究。

1.5.1 監管資本度量不確定性類型

在損失分佈法下，操作風險度量置信度非常高，其度量結果存在不可忽視的不確定性。從前述分析可以看出，為鼓勵金融機構探索風險敏感度高、準確性高的度量方法，巴塞爾委員會沒有規定具體的操作風險高級計量法。但是，不管使用哪一種高級計量法，都必須符合高級計量法的資格標準、定性標準以及定量標準。BASEL Ⅱ 操作風險高級計量法的穩健標準規定：「銀行必須表明所採用的方法考慮到了潛在較嚴重的概率分佈『尾部』損失事件。無論採用哪種方法，銀行必須表明，操作風險計量方式符合與信用風險 IRB 法相當的穩健標準（例如，相當於 IRB 法，持有期 1 年，99.9%置信區間）」。實證研究表明操作風險存在顯著重尾性，在高置信度下，其度量結果存在不可忽視的不確定性。

在損失分佈法下，Opdyke（2014）將監管資本度量偏差大小的影響因素歸納為三個方面：一是損失強度分佈的重尾性大小。重尾性分佈都是以截尾分佈來擬合的，與非截尾分佈相比，截尾分佈會導致更大的度量偏差。二是置信度大小。監管資本估計的置信度（99.9%）非常高，其度量偏差非常大。三是損失強度分佈特徵參數估計的方差大小。損失樣本量越大，分佈特徵參數方差越小，監管資本度量誤差越小。這些影響因素使損失分佈模型及其特徵參數估計產生不確定性，導致監管資本出現模型偏差和度量誤差。

1.5.1.1　模型偏差

在損失分佈法下，通過操作損失樣本數據來估計損失強度分佈，選擇擬合度最好的分佈模型作為最優模型。損失樣本數據量越大，所估計的分佈模型越接近「真實分佈」。但是，重尾性操作風險發生的損失樣本存在顯著特點：總體上數據量比較少，且隨著損失量的增加，損失頻數減少。操作風險監管資本是以置信度為99.9%的操作風險價值來進行度量的，即操作風險度量實際上是估計分佈尾部置信度為99.9%時的分位數。這導致在度量重尾性操作風險的尾部風險時所得到的操作風險價值可能有兩種情況：樣本內估計操作風險價值和樣本外估計操作風險價值，從而導致分佈模型的兩類外推問題：樣本外的外推和樣本內的外推產生的模型偏差。下面，從操作損失樣本、樣本外的外推模型偏差以及共享數據庫下模型偏差三個方面進行介紹。

1. 操作損失樣本

損失分佈法依賴於金融機構內部損失樣本數據來把握其特有的操作風險特徵。每一機構的每一操作風險類型都有其獨特的風險特徵，這些特徵來自與該類風險關聯的產品類型和內部控制機制、外部管理環境的特性。這些特徵對於每一機構而言，都有其獨特性，度量其風險特徵的最佳途徑就是檢查其實際發生的歷史損失樣本數據。這些歷史損失數據反應了機構內有風險和控制機制互抵後的操作風險淨額。因此，損失分佈法的相關研究是從損失數據樣本開始的，主要集中在以下幾個方面。

（1）歷史數據樣本

操作損失數據樣本首先是一種歷史數據，是由金融機構歷史上實際發生的操作損失事件經記錄、整理而成。使用歷史損失數據樣本度量操作風險，是建立在一些假設（如歷史是可以重演的等）基礎上的，因此，邁克爾・哈本斯克（2003）認為，在使用損失分佈法度量操作風險時，須對這些假設進行研究和檢驗，理解結果對這些假設的敏感性。

一方面，操作風險價值是在某一目標期間內來進行度量的，這意味著損失數據樣本的收集存在某一時間間隔問題，時間間隔不同，度量結果也不同。由於金融機構實際上都是在不斷變化的，所以，數據樣本跨越的時間越長，意味著金融機構內部控制環境和外部環境變化越大，損失數據樣本間的關聯度越小；數據樣本跨越時間太短，損失數據樣本可能會越少。數據樣本的時間跨度長短會影響度量結果的質量，這導致在實際情況下時間跨度難以抉擇。目前，新巴塞爾協議建議的計量時間間隔為一年，在一年內大部分管理行動對金融機構操作風險狀況的影響大致是一致的。

另一方面，安森尼・帕什（2003）認為實際上可能有許多與實際風險有更高關聯度的其他數據，但這些數據不是不實用就是獲取的成本太高。在用歷史數據度量操作風險時，要對歷史數據進行修正，在建模時考慮金融機構內外部的變化。基於此，一種比較可行的辦法是引入外部操作損失數據樣本來補充操作損失數據庫，以提高度量準確性。

（2）內部損失樣本和外部損失樣本

鑒於使用歷史樣本度量操作風險存在的缺陷，新巴塞爾協議認為必須引入外部操作損失來彌補內部損失樣本的不足。內部損失數據是指金融機構自身發生的操作損失，反應了金融機構自身操作風險狀況。外部損失數據是指其他金融機構發生的操作損失，反應了和該操作風險主體類似的其他金融機構操作風險狀況，它與該操作風險主體有一定相關性，在篩選和處理後可彌補該操作風險主體損失數據的不足。由於內外部損失樣本在操作風險度量中的重要性，新巴塞爾協議對此進行了專門的詳細規定，分別介紹如下。

①內部損失樣本。對內部損失事件數據的跟蹤記錄，是開發出可信的操作風險計量系統並使其發揮作用的前提。為建立銀行的風險評估與其實際損失之間的聯繫，內部損失數據十分重要。建立該聯繫有以下幾種方式：一是將內部損失數據作為風險估計實證分析的基礎；二是將其作為驗證銀行風險計量系統輸入與輸出變量的手段；三是將其作為實際損失與風險管理、控制決策之間的橋樑。銀行必須建立文件齊備的程序，以持續地評估歷史損失數據的意義，包括在何種情況下採用主觀的推翻、規定放大倍數或其他調整措施，採用到何種程度以及誰有權做此決定。

在損失數據記錄時間上，用於計算監管資本的內部操作風險計量方法，必須基於對內部損失數據至少5年的觀測，無論內部損失數據是直接用於損失計量還是用於驗證。銀行如果初次使用高級計量法，也可以使用 3 年的歷史數據（包括 2006 年老資本協議和新資本協議同時適用的 1 年）。

在內部損失數據的收集流程方面，必須符合以下標準。

A. 為便於監管當局驗證，銀行必須將內部損失歷史數據按照新協議中監管當局規定的組別對應分類，並按監管當局要求隨時提供這些數據。對特定業務和事件類別分配損失應設立客觀標準，並有文件說明。但對於內部操作風險計量系統中，這種按組別分類的做法應用到何種程度，則由銀行自行決定。

B. 銀行的內部損失數據必須綜合全面，涵蓋所有重要的業務活動，反應所有相應的子系統和地區的風險暴露情況。銀行必須證明，任何未包含在內的業務活動或風險暴露，無論是單個還是加總，都不會對總體風險估計結果產生重大影響。銀行收集內部損失數據時必須設定適當的總損失底線（門檻），例如 10,000 歐元。

C. 除了收集總損失數額信息外，銀行還應收集損失事件發生時間、總損失中收回部分等信息，以及致使損失事件發生的主要因素或起因的描述性信息。描述性信息的詳細程度應與總的損失規模相稱。

D. 如果損失是由某一中心控制部門（如信息技術部門）引起或由跨業務類別的活動或跨時期的事件引起，銀行應確定如何分配損失的具體標準。

E. 如果操作風險損失與信用風險相關，在此之前已反應在銀行的信用風險數據庫中（如抵押品管理失敗），則根據新協議的要求，在計算最低監管資本時應將其視為信用風險損失。因此，此類損失不必計入操作風險資本。但是，銀行應將所有的操作風險損失記錄在內部操作風險數據庫中，並與操作風險定義範圍和損失事件類型保持一致。任何與信用風險有關的損失，應該在內部操作風險數據庫中單獨反應出來（如做標記）。

②外部損失樣本。銀行的操作風險計量系統必須利用相關的外部數據（無論是公開數據還是行業集合數據），尤其是當有理由相信銀行面臨非經常性、潛在的嚴重損失時。外部數據應包含其他銀行實際損失金額數據、發生損失事件的業務範圍信息、損失事件的起因和情況，或其他有助於評估其銀行損失事件的相關信息。銀行必須建立系統性的流程，以確定什麼情況下必須使用外部數據，以及使用方法（如放大倍數、定性調整，或告知情境分析的改進情況）。應定期對外部數據的使用條件和使用情況進行檢查，修訂有關文件並

接受獨立檢查。

③情境分析。銀行必須以外部數據配合採用專家的情境分析，求出嚴重風險事件下的風險暴露。採用這種方法合理評估可能發生的損失，要依賴有經驗的業務經理和風險管理專家的知識水準。例如，專家提出的評估結果可能成為假設的損失統計分佈的參數。此外，應當採用情境分析來衡量，偏離銀行的操作風險計量框架的相關性假設時，造成的影響有多大，特別是評估多項導致操作風險損失的事件同時發生的潛在損失，通過將這些評估結果與實際損失的對比，隨時進行驗證和重新評估其風險暴露，以確保其合理性。

由新巴塞爾協議可知，操作損失歷史樣本數據主要來自兩種渠道：內部損失樣本數據和外部損失樣本數據。為獲知嚴重操作風險事件下的暴露，還須進行情境分析，以確保對金融機構操作風險狀況的全面把握。新巴塞爾協議給出了上述規定，進一步規範和完善了損失分佈法，使之更具科學性，保證了度量結果的準確性。

2. 樣本外的外推模型偏差

由於重尾性操作風險在分佈尾部的損失樣本量很少，因此，可能在置信度99.9%附近沒有樣本發生，即需要在樣本外估計操作風險價值。由於操作損失樣本對於某一分佈的擬合優度是針對所有樣本的總體評價結果，所以，所得到的最優分佈可能對分佈主體部分擬合得很好，但對分佈尾部擬合得不好。Moscadelli（2004）對巴塞爾委員會於2002年收集的操作損失樣本的實證研究表明存在如圖1-1所示情況。

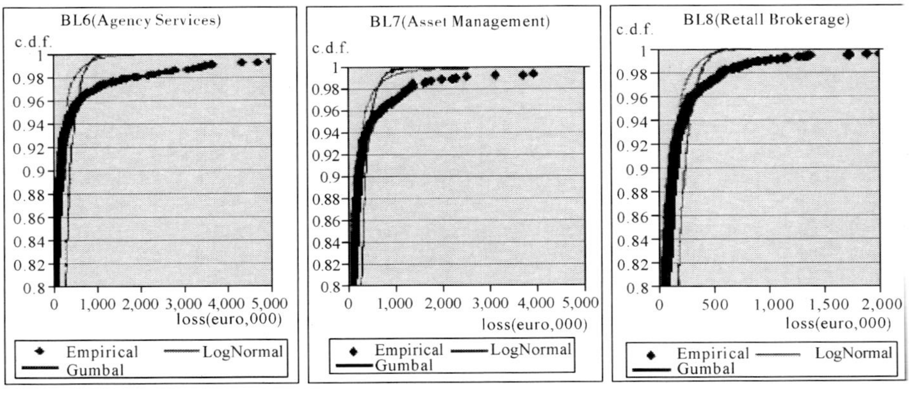

圖1-1　BL6、BL7以及BL8的經驗分佈及所擬合的LogNormal和Gumbal分佈尾部比較

圖 1-1 中，若產品線 BL6、BL7 以及 BL8 在高於置信度 94%後沒有損失樣本產生，那麼，LogNormal 分佈和 Gumbal 分佈對損失樣本的擬合優度可能很接近。這將導致在最優分佈模型的選擇上出現難以決策的情況。但是，LogNormal 分佈和 Gumbal 分佈在尾部完全不同，從而導致不同的操作風險價值，這必然會使度量結果出現不可避免的偏差。儘管新巴塞爾協議規定必須引入外部損失樣本補充內部樣本後進行操作風險度量，但這些高強度損失畢竟不是本機構發生的真實樣本，引入這些高強度樣本作為情境分析是可以的，但若作為監管資本度量可能偏向保守。外部樣本存在門檻及其他因素導致的異質性，這必然導致操作風險度量產生偏差。

3. 共享數據庫下模型偏差

新巴塞爾協議規定，銀行必須表明所採用的方法考慮到了潛在較嚴重的概率分佈「尾部」損失事件。也就是說，監管資本必須覆蓋稱為尾部事件的風險，即那些可能危及金融機構安全的低頻高強度損失事件。由於這些事件很稀少，所以，即使機構已經收集到很多年歷史損失樣本數據，也不敢斷言已經有足夠的損失數據來精確度量損失分佈尾部形態。因此，金融機構只有使用外部損失樣本數據，才能彌補內部損失樣本數據在分佈尾部數量不足的缺陷，也才能更好地刻畫損失分佈的尾部特徵。

基於上述原因，金融機構必須以內外部共享損失樣本數據庫的方式來度量操作風險。一般地，金融機構所處的外部環境總是存在差異，機構內部的程序、人員狀況、系統也各不相同。金融機構內外部環境不同，操作損失發生的頻率和強度不同，損失樣本的分佈不同，即金融機構的外部業務環境與內部管理環境決定了操作風險的大小。當共享內外部環境不同的機構所發生的損失樣本時，樣本的異質性（heterogeneity）將影響度量的準確性。因此，操作風險度量研究最初關注的核心問題就是，內外部損失樣本的異質性對度量的影響以及如何解決。這種影響主要集中在兩個方面：損失樣本記錄門檻（threshold）和除門檻外的其他因素。

（1）損失樣本記錄門檻導致的異質性

對於門檻的影響，現有文獻主要從以下兩種觀點出發進行了探討。

①當內部損失樣本沒有門檻時，內外部損失樣本共享問題。若某些銀行記

錄所有發生的損失樣本，即不設定樣本門檻。Frachot 和 Roncalli（2002）認為僅以內部樣本度量操作風險，會導致結果偏低，因此，須以外部樣本補充內部樣本。基於此，該文獻應用可靠性理論來探討了損失頻數分佈及其特徵參數估計問題，且認為損失強度分佈是由具有門檻的外部樣本的條件分佈與無門檻的內部樣本分佈兩類分佈混合而成的分佈，以此為基礎給出了監管資本計量模型。

②當內外部損失樣本都存在門檻時，內外部損失樣本共享問題。由於損失樣本記錄存在成本問題，所以，某些銀行僅記錄某一門檻以上的損失樣本。對此，Baud 等（2002）對樣本門檻進行了系統研究，認為內外部樣本共享時可能有三種情況的門檻：已知常數、未知常數和隨機變量。並給出在此三種情況下的損失分佈及其特徵參數的估計。Baud 等（2003）認為內部樣本和外部樣本都存在門檻，若忽視這些門檻，將高估監管資本。為避免高估監管資本，須得到損失強度和損失頻數的真實分佈。進一步地，該文獻給出了不同門檻樣本混合後，損失強度分佈和損失頻數分佈及其特徵參數的估計方法，並以實例分析了考慮門檻情況下和不考慮門檻情況下的監管資本度量，發現不考慮門檻情況下可能高估監管資本達 50%以上。Frachot 等（2004）探討了不同損失類型間的相關性問題。更進一步，Frachot 等（2007）在共享內外部樣本條件下，探討了相關性對合成總監管資本的影響，並探討了特徵參數以及監管資本估計的準確性問題。Aue 和 Kalkbrener（2007）探討了德意志銀行的操作風險度量模型：基於損失分佈法，將外部損失數據按照一定的權重引入內部損失數據庫，以彌補內部損失數據的不足，且進行了情境分析。

（2）除門檻外的其他因素導致的異質性

除門檻外的其他因素導致了損失樣本異質性，從而影響損失強度分佈與損失頻數分佈，因此，共享內外部損失樣本時，須分別從損失強度和損失頻數兩方面對樣本進行同質性轉換。相關研究也是從這兩方面進行展開。

對於損失強度樣本轉換模型，Shih 等（2000）研究了操作損失強度與機構規模間的關係，發現損失強度和機構規模間存在非線性關係。在代表機構規模的三個變量（總收入、總資產和雇員數量）中，總收入與損失強度間相關性最強。但進一步研究發現，總收入僅能解釋 5%的損失強度，95%的損失強度主要與產品線類型、管理質量以及環境控制的有效性等有關。

隨後，Hartung（2004）進一步完善了上述模型，認為僅考慮收入對操作損失的影響不全面，應將影響損失的所有因素納入模型，建立操作損失強度轉換模型。Na（2004）將操作損失強度細分為一般損失和特殊損失：一般損失捕捉到所有銀行所有一般性變化，如宏觀經濟、地理政治以及文化環境等的變化；特殊損失捕捉到業務線或損失事件的特性，從而得到不同機構操作損失強度的轉換公式。進一步地，Na 等（2005）將上述思想擴展到內外部操作損失頻數的轉換模型，並進行了統計分析。Na（2006）建立了操作損失頻率轉換的計量模型。

對於外部數據的適用性、相關性問題一直存在爭論。產生外部數據的標準產品線經常與本機構內部組織的結構不一致，這會帶來度量偏差問題。Kalhoff 和 Marcus（2004）認為不同的文化和法律標準也會導致外部操作損失樣本與內部損失樣本的不匹配。引入過多的產業信息會掩蓋企業自身真實的風險。因此，外部損失樣本的引入實際上也帶來了度量的不確定性。

針對樣本異質性問題，上述文獻從不同角度提出各自的解決辦法，但是，從另一個角度看，這些文獻在提出解決辦法的同時實際上也增加了度量的不確定性。

1.5.1.2 度量誤差

度量誤差主要是指在損失分佈法下，操作損失分佈特徵參數估計的誤差所導致的監管資本度量誤差。Gourier 等（2009）實證研究發現當以 Pareto 分佈擬合操作損失強度時，形狀參數越大，形狀參數的估計方差越大，尤其在置信度 99.9%下形狀參數的估計方差非常大。Opdyke（2014）研究發現損失強度分佈特徵參數的估計方差會對監管資本度量誤差產生巨大影響，操作損失樣本量越少，損失強度分佈特徵參數估計方差越大，監管資本度量誤差越大。可見，操作損失分佈特徵參數估計方差對監管資本存在顯著影響。

由此可見，操作風險度量的高置信度特性以及顯著的重尾性，導致損失樣本嚴重不足，監管資本度量不可避免地存在模型偏差和度量誤差等不確定性問題。

1.5.2 模型偏差和度量誤差的實證研究

Carrillo-Menéndez 和 Suárez（2012）分別在不同樣本門檻值下，以不同度量模型分別度量了操作風險監管資本（CaR）及其模型偏差，如表 1-2 所示。

表 1-2　模型風險：由不正確模型或不準確模型參數導致的 CaR 估計偏差

σ	u = 3,000			u = 10,000		
	best fit	CaR	error/%	best fit	CaR	error/%
1.00	LN-gamma	8.07E+07	-0.01	Gamma mixture	8.27E+07	2.37
1.25	g-and-h	1.15E+08	0.29	g-and-h	1.15E+08	-0.26
1.50	g-and-h	1.85E+08	3.04	Burr	2.31E+08	28.52
1.75	N-gamma	2.73E+08	-12.08	LN-gamma	2.74E+08	-11.70
2.00	LN	7.17E+08	0.43	Lognormal	7.18E+08	0.50
2.25	LN	1.99E+09	6.94	LN mixture	1.85E+09	-0.74
2.50	LN mixture	3.25E+09	-30.54	g-and-h	3.42E+09	-26.92
2.75	Burr	9.59E+10	462.20	Burr	4.66E+10	173.29
3.00	Burr	1.89E+11	201.73	Burr	2.24E+11	257.60

資料來源：文獻 Santiago Carrillo-Menéndez 和 Alberto Suárez（2012）表 1

由表 1-2 可以看出，當門檻 u = 3,000 時，負偏差最大為-30.54%，正偏差最大為 462.20%，當門檻 u = 10,000 時，負偏差最大為-26.92%，正偏差最大為 257.60%，顯然該模型偏差不可忽視。

實際上，即使在同一模型下也存在顯著的度量誤差，Fengge 等（2012）在不同樣本分組下，用區組最大化極值模型度量操作風險對度量偏差進行了系統研究，如表 1-3 所示。

表 1-3　不同分組下區組最大化極值模型度量操作風險的 VaR 和 CVaR

組別	10 group	12 group	15 group	17 group	20 group	25 group	30 group
VaR95	193.53	179.83	161.32	152.51	147.92	125.43	122.19
VaR99	238.26	228.53	207.53	195.60	189.70	163.53	158.65
CVaR95	1,162.65	834.36	646.59	611.11	423.87	328.99	350.96
CVaR99	9,641.76	6,519.04	6,051.38	5,432.47	5,341.52	3,771.75	1,836.53

資料來源：文獻 Fengge Y，Hongmei W 等（2012）表 3

由表 1-3 可以看出，當置信度為 99%時，VaR 最大值（238.26）為最小值（158.65）的 1.5 倍，CVaR 最大值（9,641.76）為最小值（1,836.53）的 5.2 倍，當置信度為 95%時，VaR 最大值（193.53）為最小值（122.19）的 1.6 倍，CVaR 最大值（1,162.65）為最小值（328.99）的 3.5 倍，顯然，該度量誤差非常顯著。

由此可見，監管資本度量不僅存在不可忽視的模型偏差，而且在同一度量模型下也存在顯著度量誤差。

1.5.3 度量誤差傳播機理

King（2001）認為操作風險不能直接度量，只能間接度量，在操作風險度量結果及其所依賴的一組度量值之間存在某種函數關係，通過對該度量模型的研究，根據誤差傳播法則，就可以預測操作風險的度量誤差。進一步地，Mignola 和 Ugoccioni（2006）研究了操作風險監管資本度量誤差預測的基本原理，認為損失分佈特徵參數的估計誤差會傳導形成監管資本度量誤差。但是，這兩位學者都未構建出操作風險度量誤差的預測模型。

以此為基礎，莫建明和周宗放（2007）假設操作損失強度為 Weibull 分佈，系統探討了監管資本度量誤差的合成機理：損失樣本分佈特徵參數的誤差經誤差傳播系數的傳導，合成操作風險價值的誤差。進一步地，莫建明和周宗放（2008）假設操作損失強度為 Pareto 分佈，構建了監管資本度量誤差的預測模型。兩重尾性極值模型下操作風險度量誤差傳播機理為進一步探索其變動規律奠定了理論基礎。

1.5.4 監管資本度量誤差變動規律

已有文獻主要從置信度和損失分佈特徵參數兩個角度來對度量誤差進行了探討。

一是置信度變動對度量誤差的影響。莫建明和周宗放（2007）以仿真方法分析表明，隨著置信度遞增，操作風險監管資本度量誤差加速遞增，且在高置信度下該度量誤差不可忽視。Gourier 等（2009）實證研究發現，監管資本在置信度為 0.85~0.92 時比較穩定，但當置信度超過 0.92 後，隨著置信度遞增，監管資本變得非常不穩定，其度量不確定性增強。

二是損失分佈特徵參數變動對度量誤差的影響。在損失分佈法下，損失分佈特徵參數有損失強度分佈特徵參數和損失頻數參數兩類。Degen（2010）以仿真方法分析發現，隨損失頻數參數遞增，監管資本度量誤差遞增。對於損失強度分佈特徵參數，張明善等（2014）假設操作損失強度為 Weibull 分佈，系統研究發現監管資本度量誤差靈敏度的變動僅與形狀參數和頻數參數有關。一般地，度量誤差大小是相對於監管資本大小而言的，只有研究度量誤差隨監管資本變動的規律，才能準確評估度量誤差大小，Degen（2010）和張明善等（2014）僅探討了損失分佈特徵參數對度量誤差的影響。度量誤差是相對於監管資本大小而言的，只有將兩者聯繫起來研究，才能準確評估度量誤差，可見，Degen（2010）和張明善等（2014）的研究存在明顯不足。為此，莫建明等（2015）假設操作損失強度為 Pareto 分佈，進一步研究了在損失分佈特徵參數影響下度量誤差隨監管資本變動的特徵。度量誤差不僅是評估監管資本度量結果質量的重要指標，而且在監管資本點估計值要求方式下可以用於估計監管遺漏風險大小，因此，進一步系統研究度量誤差具有重要意義。

1.6　問題提出和研究意義

在操作風險的高級計量法中，損失分佈法能夠較準確地反應金融機構內部的操作風險特徵，是一種極具風險敏感性的方法，因而在業界獲得廣泛應用。已有實證研究表明操作風險具有顯著重尾性，因此，重尾性極值模型成為操作損失強度分佈的最佳擬合模型。在損失分佈法下，操作風險度量存在不可忽視的不確定性，主要來自以下兩方面。

一方面，樣本內的外推和樣本外的外推會導致度量模型偏差。一般地，樣本外的外推模型偏差問題可以通過增加樣本量，將樣本外的外推問題轉變為樣本內的外推問題來進行解決。但是，操作風險具有嚴重的重尾性，在高置信度下其損失樣本非常匱乏。即使按照巴塞爾協議要求在共享數據庫下度量操作風險，也很難避免樣本外的外推問題（Mignola 和 Ugoccioni，2006）。一般情況下，樣本內的外推模型偏差問題可以通過統計理論或計量理論得到部分解決如選擇擬合優度最高的模型。但是，在擬合損失樣本過程中，如果兩個或多個模型擬合優度相等或近似，就存在樣本內的外推模型偏差問題。可見，統計理論或計量理論並不能完全解決樣本內的外推問題，樣本外推所導致的模型偏差是不可避免的。目前，還沒有一種方法能夠對該類度量模型偏差進行預測。

另一方面，操作風險監管資本存在不可忽視的度量誤差。就現有度量方法而言，操作風險只能間接度量。理論上，操作風險監管資本與一組模型參數間存在某種函數關係（操作風險度量模型）。在以操作損失樣本估計出這組模型參數後，根據度量模型即可計算出監管資本。顯然，該度量結果是間接度量值。操作風險具有顯著的重尾性，當以操作損失樣本估計模型參數時，模型參數的估計誤差（標準誤）非常顯著（史道濟，2006）。進一步地，該模型參數估計誤差會通過度量誤差傳播機制放大度量結果的誤差，進而使度量誤差變得非常不確定（King，2001）。該類度量的不確定性在理論上可以通過誤差傳播理論進行預測。

監管資本客觀上存在不可忽視的度量不確定性，但是，巴塞爾協議以某一置信度下的點估計值來要求監管資本，兩者間存在矛盾。以點估計值來要求監管資本，意味著只要監管資本點估計值相等，即使監管資本度量不確定性程度非常大，所要求的監管資本也相同。實際上，在監管資本相等但度量不確定性程度不同的風險狀態下，操作風險暴露程度顯然存在差異。此時，若以相同監管資本來進行要求，監管資本與實際風險暴露不匹配，必然產生風險監管遺漏。可見，監管資本度量的不確定性與其點估計值要求方式間存在的矛盾，是導致監管資本不足的根源。

顯然，在監管資本點估計值要求方式下，巴塞爾協議監管遺漏風險暴露程度可以用監管資本度量不確定性程度來表徵。由前述分析知，監管資本度量不確定性主要來自模型偏差和度量誤差。在現有理論下，模型偏差是無法預測的，僅模型參數估計誤差所導致的度量誤差可以預測。可見，在度量模型確定的條件下，可以通過預測度量誤差來估計監管遺漏風險暴露的程度。

為確定操作風險度量模型，本書假設如下：①假設度量方法為損失分佈法。該方法能夠很好地刻畫操作風險的重尾性，成為業界和理論界一致推崇的高級計量法。②假設損失強度分佈為重尾性極值模型 Weibull 分佈和 Pareto 分佈。由文獻綜述可知，實證研究表明重尾性極值模型 Weibull 分佈和 Pareto 分佈是操作損失強度分佈的最佳擬合分佈。實際上，理論研究表明在極值模型中僅 Pareto 分佈（屬於廣義 Pareto 分佈，GPD）和 Weibull 分佈（屬於廣義極值分佈，GEV）為重尾性極值模型（楊洋和王開永，2013），是操作損失強度分佈的最佳擬合分佈。

為全面分析重尾性極值模型下操作風險監管遺漏風險，本書在該度量模型下，研究操作風險監管資本度量誤差變動的規律，探尋巴塞爾協議下監管遺漏風險變化的特徵。

1.7 研究內容與結構

在現有文獻的基礎上，本書在損失分佈法下，假設操作損失強度分佈為重尾性極值模型 Weibull 分佈和 Pareto 分佈，對操作風險監管資本度量誤差變動的規律進行系統研究，探尋巴塞爾協議下監管遺漏風險變化的特徵。本書主要內容包括：

第 1 章為緒論，主要介紹研究背景及操作風險內涵界定、操作風險度量的基本方法等。

第 2 章主要從分佈模型外推和樣本異質性兩方面對操作風險度量不確定性的影響因素進行探討。首先，對模型外推導致的度量不確定性問題進行了分析。操作風險重尾性原因主要是操作損失具有低頻高強度的特點，即操作損失具有這樣一種特徵，即一般情況下發生頻數較小，但是一旦發生，可能損失額都非常巨大，導致金融機構倒閉。因此，巴塞爾協議要求在高置信度下度量操作風險，防範重尾性操作風險，但是，高置信度下的操作損失樣本量非常匱乏。這種特徵導致了損失樣本內的模型外推和損失樣本外的模型外推問題，導致了操作風險度量不確定性問題。然後，對樣本異質性進行了系統研究。操作損失樣本是損失分佈法度量的基礎，損失樣本的數量和質量決定著操作風險度量結果的準確性與精確性。如果僅僅以金融機構內部發生的操作損失來度量監管資本，很可能導致低估監管資本的情況。但是，如果引入外部操作損失到損失數據庫中，又會產生門檻不一致異質性以及其他因素異質性問題。為此，本章從門檻值異質性和內外部管理環境異質性兩方面對該問題進行了探討。這種樣本異質性會導致損失分佈模型偏差，從而引起操作風險度量不確定性問題。

第 3 章建立監管資本與其度量誤差的度量模型。理論研究表明在極值模型中僅 Pareto 分佈（屬於 GPD）和 Weibull 分佈（屬於 GEV）為重尾性極值模型（楊洋和王開永，2013）。因此，本章在重尾性極值模型下建立操作風險監管資本及其度量誤差的度量模型。

第 4 章從兩個角度來分別研究監管資本相對誤差變動規律。首先，假設分佈特徵參數標準離差率不變，分析分佈特徵參數變動對相對誤差的影響；然後，假設分佈特徵參數標準離不變，分析分佈特徵參數變動對相對誤差的影響。實證研究表明操作風險具有顯著的重尾性，本章假設操作損失強度為重尾性極值模型 Weibull 分佈和 Pareto 分佈，對操作風險相對誤差隨監管資本變動規律進行了系統研究。根據第 3 章操作風險監管資本 $OpVaR(\alpha)$ 度量模型式（3-2）和監管資本絕對誤差度量模型式（3-5），本章導出相對誤差的度量模型，主要有兩種表現形式，如式（4-2）和式（4-3）所示。顯然，這兩種相對誤差度量模型表現形式存在很大差異，為此，本章對這兩種表現形式的相對誤差度量模型都進行了研究。首先，通過對監管資本及其相對誤差度量模型進行分析，獲知其公共影響因子為操作損失分佈特徵參數；然後，探討了在這些損失分佈特徵參數影響下，監管資本及其相對誤差變動的一般規律，進而歸納出相對誤差隨監管資本變動的特徵，並對該理論模型進行實例驗證。

第 5 章在損失分佈法下，假設操作損失強度為重尾性極值模型，通過系統研究操作風險監管資本絕對誤差變動的規律，來探尋監管遺漏風險變化規律。從第 4 章監管資本相對誤差 V_1 和 V_2 的研究可以看出，在不同誤差度量模型下，監管資本及其度量誤差的公共影響因子不同。在相對誤差為 V_1 下，公共影響因子為形狀參數 ξ 和頻數參數 λ；在相對誤差為 V_2 下，公共影響因子為形狀參數 ξ、尺度參數 θ 以及頻數參數 λ。因此，監管資本度量誤差變動趨勢特徵也不同。為進一步深入系統研究監管資本度量誤差變動趨勢的特徵，本章將在第 3 章研究結果的基礎上進一步探討監管資本絕對誤差隨監管資本變動的一般規律。

第 6 章為全書總結和研究展望。

2　操作風險度量不確定性的影響因素

2.1　引言

在損失分佈法下，Opdyke（2014）將監管資本度量偏差大小的影響因素歸納為三方面：一是損失強度分佈的重尾性大小：重尾性分佈都是以截尾分佈來擬合，與非截尾分佈相比，截尾分佈會導致更大的度量偏差；二是置信度大小：監管資本估計的置信度（99.9%）非常高，其度量偏差非常大；三是損失強度分佈特徵參數估計的方差大小：損失樣本量越大，分佈特徵參數方差越小，監管資本度量誤差越小。這些影響因素使損失分佈模型及其特徵參數估計產生不確定性，導致監管資本出現模型偏差和度量誤差。

本章主要從兩方面對操作風險度量不確定性的影響因素進行探討：分佈模型外推和樣本異質性。

（1）實證研究表明操作風險具有顯著的重尾性，在高置信度下，必然導致損失分佈模型的外推問題。Moscadelli（2004）實證研究發現，如果用 Gumbal 分佈來擬合損失強度樣本，那麼從置信度 96%開始就存在低估監管資本的可能性，如果用 LogNormal 分佈來擬合損失強度樣本，那麼從置信度 90%開始就存在低估監管資本的可能性。Dutta 和 Perry（2006）將指數分佈、對數正態分佈、伽瑪分佈、廣義 Pareto 分佈、Weibull 分佈等多種模型用於損失強度樣本擬合對比檢驗，結果表明損失強度分佈具有嚴重的厚尾性。由於巴塞爾委員會所要求的操作風險度量置信度非常高，達到99.9%。在如此高的置信度99.9%下操作損失發生頻數非常小，導致損失分佈尾部樣本非常缺乏，甚至沒有樣本存在，因此，在高置信度99.9%下估計操作風險價值時，損失強度分佈模型就必然會存在模型外推問題。

（2）為避免分佈模型外推問題，可以共享外部操作損失樣本，但是，這將導致樣本異質性問題，使分佈模型出現偏差，從而引起操作風險監管資本度量的不確定性。目前，樣本異質性問題研究主要集中在以下兩方面。

①不同金融機構所記錄的操作損失樣本的門檻存在差異，當對這些具有不同門檻的操作損失樣本進行共享時，必然會出現樣本的異質性問題。Frachot和Roncalli（2002）假設內部損失樣本門檻為零，僅以內部樣本來度量操作風險監管資本，發現低估了監管資本。Baud等（2002）假設操作損失樣本的門檻分別為已知常數、未知常數和隨機變量三種情況，系統研究了樣本門檻引起的操作風險度量不確定性問題。Baud等（2003）研究發現如果忽視操作損失樣本門檻差異，可能使監管資本高估超過50%。Frachot等（2007）系統研究了當共享內外部樣本時，操作損失樣本間存在的相關性引起的度量不確定性問題。Aue和Kalkbrener（2007）分析了外部損失樣本量相對於內部損失樣本量的不同比例所引起的度量結果差異。

②金融機構規模、內部管理環境和外部管理環境等因素不同，操作損失樣本分佈特徵存在差異，這也會導致樣本異質性。Shih等（2000）實證研究發現金融機構規模與操作損失強度之間存在非線性關係，金融機構規模差異必然影響操作損失樣本分佈特徵。隨後，Hartung（2004）進一步對該理論模型進行深入研究後，構建了將不同金融機構間的操作損失強度進行轉換的理論模型。Na（2004）進一步將操作損失強度細分為兩類損失（特殊損失與一般損失），構建出操作損失強度轉換的模型。Na等（2005）與Na等（2006）擴展了上述理論模型，構建了將不同金融機構間的操作損失頻數進行轉換的理論模型。

本章將對操作風險度量結果不確定性的影響因素進行系統分析：一是分析操作損失分佈的模型外推問題；二是探討操作損失樣本的異質性問題。

2.2 損失分佈模型的外推

損失分佈法是在操作損失強度和損失頻數複合而成的複合分佈下來度量監管資本，損失分佈模型外推問題主要出現在操作損失強度分佈模型的估計中。一般地，當用操作損失樣本來擬合操作損失強度分佈模型時，理論上選擇擬合優度（goodness of fit）最大的分佈模型為最優分佈模型。但是，實證研究表明操作風險具有顯著的重尾性，在高置信度 99.9% 下，操作損失樣本非常匱乏，甚至沒有損失樣本發生。這種情況會導致兩種可能後果：在樣本內估計操作風險監管資本和在樣本外估計操作風險監管資本，即損失分佈模型的外推問題。

2.2.1 損失樣本內的模型外推

一般地，當以操作損失樣本來擬合某一分佈模型時，所得到的擬合優度值是針對總體損失樣本的綜合評價，擬合優度最大的損失分佈模型可能的情況有：①能夠很好地擬合損失分佈模型的主體部分，但是不能很好地擬合損失分佈的尾部；②不能很好地擬合損失分佈的主體部分，但是能夠很好地擬合損失分佈的尾部。

Mignola 和 Ugoccioni（2006）對操作損失樣本進行了實證擬合研究後發現，操作損失樣本都能很好地擬合 LogNormal 分佈和 Burr 分佈的主體部分，但是對兩分佈尾部的擬合存在很大差異，如圖 2-1 所示。

Mignola 和 Ugoccioni（2006）對操作損失樣本進行 KS（Kolmogorov-Smirnov）檢驗表明，LogNormal 分佈 KS 值為 0.93，Burr 分佈 KS 值為 0.90，兩者差異很小，但是，如圖 2-1 所示，兩分佈尾部差異非常大。

Moscadelli（2004）以 2002 年巴塞爾委員會收集損失樣本來實證擬合 LogNormal 分佈和 Gumbal 分佈得圖 2-2 所示情況。

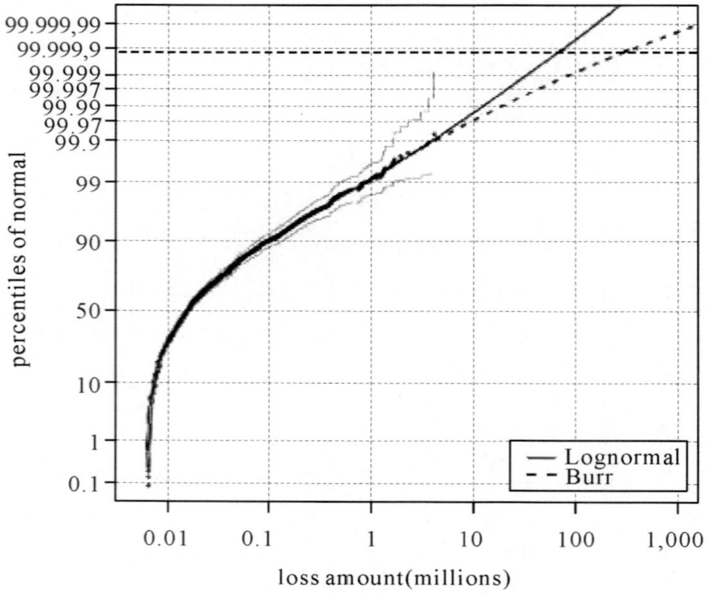

圖 2-1　LogNormal 和 Burr 分佈尾部比較

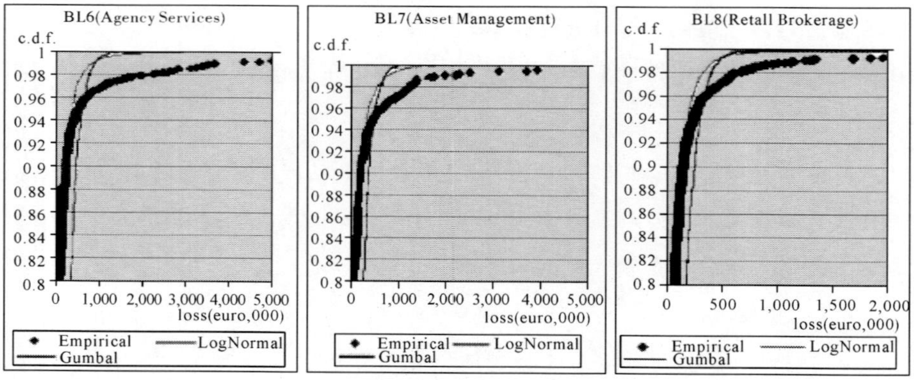

圖 2-2　BL6-8 經驗分佈與 LogNormal 和 Gumbal 分佈擬合圖

從圖 2-2 可以看出，對於業務線 BL6-8，當置信度低於 94%時，操作損失樣本能夠很好地擬合 LogNormal 分佈，當置信度低於 96%時，能夠很好地擬合 Gumbal 分佈，但是，當置信度超過 96%時，不能很好地擬合 LogNormal 分佈和 Gumbal 分佈。這類情況的出現必然導致操作風險度量的不確定性問題。

巴塞爾委員會規定度量操作風險的置信度須達到 99.9%，可見，對於具有顯著重尾性的操作風險，在操作風險監管資本度量中，應該選擇擬合損失分佈尾部較好的分佈模型，而不是擬合損失分佈主體較好的分佈模型。

2.2.2 損失樣本外的模型外推

對於具有重尾性的操作風險來說，高置信度下損失樣本非常匱乏，甚至可能在置信度 99.9%附近沒有操作損失發生，此時，須在損失樣本外度量操作風險監管資本。

損失樣本外的模型外推會導致不可忽視的模型偏差。在圖 2-1 中，如果分佈模型在尾部沒有損失樣本發生，LogNormal 分佈和 Burr 分佈的 KS 值近似相等。這意味著這兩個分佈模型都可以用於操作風險度量。但是，兩分佈尾部分佈狀態存在顯著差異，必然導致不可忽視的度量偏差。在圖 2-2 中，當置信度高於 94%時，如果業務線 BL6、BL7 和 BL8 沒有損失樣本發生，Gumbal 分佈和 LogNormal 分佈的擬合優度會非常近似。但是，Gumbal 分佈和 LogNormal 分佈尾部分佈狀態存在顯著差異，因而必然導致不可忽視的模型偏差。

儘管巴塞爾協議要求必須將外部樣本與內部樣本共享後才能度量操作風險，但是，這些高強度損失畢竟不是本機構發生的真實樣本，外部損失樣本的引入會導致樣本異質性等問題，又會導致新的度量偏差。

2.2 樣本異質性

對 2004 年操作損失數據①研究的結果表明，以損失分佈法度量操作風險的機構在模型化低頻高強度損失的尾部事件時，多數機構直接引入外部樣本與內部樣本混合後度量操作風險，少數機構僅引入外部樣本做情境分析，只有兩家機構不使用外部樣本。巴塞爾委員會規定銀行的操作風險計量系統必須利用相關的外部數據。可見，操作風險度量客觀上必然存在樣本異質性問題。

---

① Federal Reserve System, Office of the Comptroller of the Currency, Office of Thrift Supervision and Federal Deposit Insurance Corporation. Results of the 2004 Loss Data Collection Exercise for Operational Risk [Z]. 2005.

操作損失樣本異質性的含義有兩個方面：①金融機構僅記錄損失強度超過某一門檻的操作損失的頻數和強度，由門檻差異而導致損失樣本的差異；②不同金融機構內部的程序、人員狀況、系統存在差異，由此使不同機構發生損失的頻數和強度存在差異。最初的研究主要針對門檻導致的異質性，此後，隨著損失樣本量的增多，對除門檻外的其他因素導致的樣本異質性問題研究也逐漸展開。

2.2.1 門檻導致的樣本異質性

由於記錄操作損失數據樣本會發生成本，所以，不同金融機構根據其自身經營狀態來設定記錄操作損失的門檻值大小。2004 年巴塞爾委員會進行的操作損失樣本收集結果表明，金融機構記錄操作損失過程中，設定的門檻在 0 到 10,000 美元之間都存在。其中，有 6 家金融機構門檻值為 0，有 9 家金融機構記錄門檻為 10,000 美元。在記錄不同業務線和風險類型的損失樣本時，有 17 家金融機構所設定的門檻值相同，有 6 家金融機構所設定的門檻值不相同。在不同門檻情況下，損失強度分佈模型不同。從業界損失樣本門檻情況來看，操作風險度量中所使用的損失樣本數據庫主要有四類。

1. 數據庫 I

在數據庫 I 中，假設：①所有金融機構損失樣本數據的記錄門檻為 0；②金融機構內外部環境沒有差異。由此假設可知，在該類共享數據庫下，來源不同的損失樣本是同質的，損失樣本分佈模型相同。根據莫建明等（2007）和諶利等（2008）的研究結果，其操作損失強度分佈為

$$f(x;\ \theta)=f(x;\ \psi \mid H=0) \tag{2-1}$$

式中，x 為操作損失強度；ψ 為損失強度分佈的特徵參數；H 為損失樣本門檻值。

2. 數據庫 II

在數據庫 II 中，假設：①從不同金融機構引入的損失樣本門檻值相等且非零值；②金融機構內外部環境沒有差異。由此假設可知，在該類共享數據庫下，來源不同的損失樣本是同質的，損失樣本分佈模型相同。根據 Baud 等（2002）的研究結果，其操作損失強度分佈為條件分佈：

$$f^{*}(x;\ \psi)=f(x;\ \psi \mid H=h)=I\{x \geq h\}\ \frac{f(x;\ \psi)}{\int_{h}^{+\infty} f(x;\ \psi)\,\mathrm{d}x} \tag{2-2}$$

式中，示性函數 $I\{x \geqslant h\}$ ：當 $x \geqslant h$ 時，$I\{x \geqslant h\} = 1$；當 $x < h$ 時，$I\{x \geqslant h\} = 0$。

Baud 等（2002）的研究表明，如果不考慮門檻 H 的差異，度量所得的操作風險監管資本會偏大。

3. 數據庫Ⅲ

在數據庫Ⅲ中，假設：①從不同金融機構引入的損失樣本門檻值不相等；②金融機構內外部環境沒有差異。由此假設可知，在該類共享數據庫下，來源不同的損失樣本是同質的，損失樣本分佈模型相同。但是，在引入共享數據庫樣本中，不同門檻值的樣本量不同，操作損失強度分佈模型也會存在差異。根據 Frachot 等（2007）的研究結果，其操作損失強度分佈為

$$f^*(x;\ \psi,\ h_i,\ p_i) \equiv f(x;\ \psi \mid H_1 = h_1) \propto p_1 + \cdots + f(x;\ \psi \mid H_k = h_k) \propto p_k \tag{2-3}$$

式中，p_i 為門檻 h_i 的損失樣本量的權重。該分佈的模型參數有

$$\psi;\ h_1,\ \cdots,\ h_k;\ p_1,\ \cdots,\ p_k$$

Baud 等（2003）研究發現，在數據庫Ⅲ中，如果不考慮門檻值，所得損失分佈模型存在不可忽視的偏差，度量所得操作風險監管資本誤差非常大。

4. 數據庫Ⅳ

在數據庫Ⅳ中，假設：①從不同金融機構引入的損失樣本門檻值不相等；②金融機構內外部環境存在顯著差異。由此假設可知，在該類共享數據庫下，來源不同的損失樣本具有異質性，損失樣本分佈模型不相同。根據莫建明和周宗放（2007）與諶利等（2008）的研究結果，其操作損失強度分佈為多個分佈模型混合而成的混合分佈：

$$f^*(x;\psi,h_i,p_i) = \begin{cases} f_1(x;\psi \mid H_1=h_1) \cdots\cdots\cdots\cdots\cdots\cdots h_1 \leqslant x < h_2 \\ f_1(x;\psi \mid H_1=h_1) \propto p_1 + f_2(x;\psi \mid H_2=h_2) \propto p_2 \cdots\cdots\cdots h_2 \leqslant x < h_3 \\ \cdots \\ \cdots \\ \cdots \\ f_1(x;\psi \mid H_1=h_1) \propto p_1 + \cdots + f_{s-1}(x;\psi \mid H_{s-1}=h_{s-1}) \propto p_{s-1} \cdots\cdots h_{s-1} \leqslant x < h_s \\ f_1(x;\psi \mid H_1=h_1) \propto p_1 + \cdots + f_s(x;\psi \mid H_s=h_s) \propto p_s \cdots\cdots\cdots h_s \leqslant x \end{cases} \tag{2-4}$$

式中，f_i 為門檻 h_i 損失樣本量的權重為 p_i 時的操作損失強度分佈函數。該分佈模型函數為分段函數，主要模型參數為

$$\psi;\ f_1,\ \cdots,\ f_s;\ h_1,\ \cdots,\ h_s;\ p_1,\ \cdots,\ p_s$$

若不考慮樣本門檻值和損失樣本分佈的差異，可能會導致操作風險監管資本度量偏差。在此情況下，如果損失樣本量比較少，損失樣本分佈就會偏離真實分佈，所得分佈模型具有如下特徵：①在具有多個不同門檻值的共享數據庫中，在每一門檻處，操作損失分佈曲線會出現跳躍缺口情況；②如果不考慮門檻值差異，會高估操作風險監管資本。

2.2.2 其他因素導致的樣本異質性

操作損失樣本的影響因素非常複雜，除門檻值因素外還有很多因素：①金融機構內部環境，如內部程序、人員及系統或外部事件等；②金融機構經營過程中面對的外部環境，如社會環境、法律環境、經濟環境以及金融環境等。嚴格意義上，不同的金融機構都會在這兩方面具有差異。這些因素會使不同金融機構操作損失發生頻數和強度存在差異，即樣本異質性，進而導致不同金融機構的操作風險存在差異，即損失頻數分佈和損失強度分佈不同。如果共享這些具有異質性的損失數據樣本，必然導致度量結果偏差。

巴塞爾協議高級計量法規定，任何操作風險高級計量方法都必須考慮內部數據、外部數據、情境分析以及反應銀行經營環境和內部控制系統的其他因素。由此可見，損失分佈法必須共享外部損失樣本，樣本異質性問題必然存在。理論界及業界研究操作風險監管資本度量問題所關注的一個核心問題就是樣本異質性問題。

對於操作損失強度與金融機構規模間相關性的研究，Shih 等（2000）認為操作損失強度與金融機構規模間存在如下關係：

$$L = R^a x F(\sigma) \tag{2-5}$$

式中，L 為操作損失量；R 為金融機構收入；a 為規模因子；σ 為 R 未能解釋的其他風險因子。

根據式（2-5）可知，R 與 L 間的相關性主要有三種情況：①當 $a > 1$ 時，隨著 R 遞增，L 遞增，而且 L 遞增的速度是遞增的；②當 $a = 1$ 時，R 與 L 間是線

性關係，隨著 R 遞增，L 遞增，且 L 遞增的速度是不變的；③當 $a<1$ 時，隨著 R 遞增，L 遞增，但是 L 遞增的速度是遞減的。

Shih 等（2000）實證研究發現，損失強度和機構規模間可能是非線性關係。在表徵規模的總收入、總資產和雇員數量三個變量中，總收入與損失強度間相關性最強。但是，總收入僅僅能夠解釋損失強度中的 5%，另外 95% 損失強度與業務線類型、管理質量以及環境控制有效性相關。由此可見，該模型不能解決具有異質性的損失樣本間的損失強度轉換問題。

僅考慮收入對操作損失的影響不全面，應進一步研究，Hartung（2004）對上述模型進行了發展和完善，引入所有影響操作損失的因子進入理論模型，構建了操作損失強度 Loss_{adj} 轉換模型：

$$\text{Loss}_{adj}=\text{Loss}_{org}\left\{1+a\left[\left(\frac{\text{Scal. Param}(\text{Loss}_{adj})}{\text{Scal. Param}(\text{Loss}_{org})}\right)^{b}-1\right]\right\} \tag{2-6}$$

式中，Loss_{org} 為基準銀行發生的損失樣本；Scal. Param（Loss_{adj}）為引入損失樣本的被調整銀行樣本量的比例；Scal. Param（Loss_{org}）為引入損失樣本的基準銀行樣本量的比例；a，b 都為調整因子（$a\in[-1;1]$，$b\in[0;1]$）。

在 Hartung（2004）所得理論模型中，操作損失強度被作為一個整體來看待，但是，不同金融機構的操作損失強度內部特性具有顯著差異。為此，Na（2004）進一步將操作損失強度細分為一般損失和特殊損失。一般損失變量表徵如宏觀經濟、地理政治以及文化環境等具有一般性特徵的變化；特殊損失表徵業務線以及損失事件的具體特性。由此，Na（2004）所得操作損失強度轉換模型為

$$\frac{L_{T,B_1}}{(R_{\text{idiosyncratic}})^{\lambda}_{T,B_1}}=\frac{L_{T,B_2}}{(R_{\text{idiosyncratic}})^{\lambda}_{T,B_2}} \tag{2-7}$$

式中，L_{T,B_i} 為業務線 B_i 在 T 時期內所發生的操作損失；$(R_{\text{idiosyncratic}})_{T,B_i}$ 為銀行或業務線在 T 時期內的收入額；λ 為銀行或業務線間的比例因子。

Na（2004）僅僅針對操作損失強度來構建轉換模型，實際上，操作損失頻數同樣存在異質性問題，為此，Na 等（2005）與 Na 等（2006）構建出操作損失頻數轉換模型。

綜合歸納上述分析可以發現，操作風險度量不確定性主要來源可能有以下兩方面。

一方面，金融機構內外部環境變化所導致的度量不確定性。在不同國家，社會環境、經濟環境以及金融環境等外部環境都存在很大差異，其中的金融機構發生的操作損失樣本異質性非常大。即使在同一個國家，金融機構內部環境、內部程序、人員及系統或外部事件等特性差異非常大。因此，共享數據樣本必然存在樣本異質性。進一步地，金融機構不僅內部環境在不斷變化，而且外部環境也處於發展變化中，操作損失樣本特性實際上始終處於動態變化過程中。因此，操作損失強度轉換模型和損失頻數轉換模型都是動態模型。可見，隨著金融機構內外部環境的不斷變化，操作損失強度轉換模型和損失頻數轉換模型會呈現出不確定性。

另一方面，損失樣本轉換模型會導致度量的不確定性。上述文獻分別以不同損失樣本數據庫來建立轉換模型，這些損失樣本來源不同、門檻值不同、內外部環境不同，因而所得操作損失強度轉換模型和損失頻數轉換模型也不同。這必然導致損失轉換模型的模型偏差，進而導致操作風險度量不確定性。損失分佈轉換模型僅僅反應歷史損失樣本特性，具有滯後性。因此，操作損失樣本轉換模型是樣本一致性的近似處理，不僅無法消除操作風險度量偏差，而且會導致新的度量不確定性問題出現。

綜上所述，操作風險具有顯著重尾性，在高置信度下度量操作風險必然出現損失樣本量不足問題。假如不引入外部損失樣本到數據庫中，必然會因小樣本而增大操作風險監管資本度量不確定性。不引入外部損失樣本，僅以內部損失樣本來度量操作風險，即使內部損失量能夠達到理論的度量要求，也會低估操作風險（Frachot 和 Roncalli，2002）。因此，必須在共享內外部損失樣本的共享數據庫下度量操作風險。

在共享數據庫中，損失樣本門檻值和機構內外部環境差異會引起損失樣本異質性。雖然有關文獻已經提出瞭解決辦法，但是，這些辦法僅僅是一種近似解決方法，並不能完全消除樣本異質性。此外，這些解決方法又會帶來新的操作風險度量不確定性問題。

2.3 本章小結

本章從損失分佈模型的外推和樣本異質性兩方面分別系統地探討了操作風險度量不確定性問題。

操作風險具有顯著的重尾性，對金融機構安全構成了嚴重威脅。操作風險重尾性原因主要是操作損失具有低頻高強度的特點，即操作損失具有這樣一種特徵，即發生頻數較小，一般情況下不會發生，一旦發生，損失額就非常巨大，可能導致金融機構倒閉。因此，巴塞爾協議要求在高置信度下度量操作風險，防範重尾性操作風險。高置信度下的操作損失樣本量非常匱乏，該特徵導致了損失樣本內的模型外推和損失樣本外的模型外推問題，導致了操作風險度量不確定性問題。

本章進一步對樣本異質性進行了系統研究。操作損失樣本是損失分佈法度量的基礎，損失樣本的數量和質量決定著操作風險度量結果的準確性與精確性。如果僅僅以金融機構內部發生的操作損失來度量監管資本，很可能導致低估監管資本。但是，如果引入外部操作損失到損失數據庫中，又會產生門檻不一致異質性以及其他因素異質性問題。為此，本章從門檻值異質性和內外部管理環境異質性兩方面對該問題進行了探討。這類樣本異質性會導致損失分佈模型偏差，從而引起操作風險度量不確定性問題。

由於損失樣本異質性和分佈模型外推導致度量不確定性問題由操作風險的重尾性和度量的高置信度特徵決定，這種度量不確定性的存在具有必然性，所以，在損失分佈法下，研究操作風險度量不確定性問題具有非常重大的理論意義和現實意義。這對於發展和完善目前被廣泛應用於實踐的損失分佈法也具有重要現實意義。

3 監管資本與其度量誤差的度量

3.1 引言

第 2 章研究表明，重尾性操作風險度量必然存在損失分佈模型外推問題，不僅存在損失樣本內的模型外推問題，而且存在損失樣本外的模型外推問題，這會導致重尾性操作風險存在不可忽視的度量不確定性問題。此外，在高置信度下度量重尾性操作風險，必然存在金融機構內外部操作損失共享問題，因而存在損失樣本異質性問題，這必然導致操作風險度量不確定性問題出現。因此，系統研究操作風險度量的相對誤差和絕對誤差的變動規律，進而探尋監管遺漏風險暴露變化的一般規律，具有重大的理論意義和現實意義。為此，須首先建立監管資本與其度量誤差的度量模型。

實際上，理論研究表明在極值模型中僅 Pareto 分佈（屬於 GPD）和 Weibull 分佈（屬於 GEV）為重尾性極值模型（楊洋和王開永，2013）。基於此，本章在重尾性極值模型下建立操作風險監管資本及其度量誤差的度量模型。目前，相關研究主要集中在以下幾方面。

對於操作風險度量，損失分佈法是一種被廣泛用於操作風險監管資本度量的方法。巴塞爾委員會四次操作損失數據收集的實證研究結果都表明操作風險具有顯著重尾性。實證研究主要根據操作損失強度分佈特性來判別操作風險重尾性，一般地以極值模型來擬合，主要有廣義極值分佈模型和廣義 Pareto 模型兩類。當以 GPD 來擬合操作損失強度樣本時，其形狀參數大於 0，即損失強度分佈為 Pareto 分佈（Gourier 等，2009）。當以 GEV 擬合操作損失強度樣本時，其形狀參數大於 0，即損失強度分佈為 Weibull 分佈（Fengge 等，2012）。Dionne 和 Dahen（2008）以 Weibull 分佈來擬合操作損失樣本，並估計出損失分佈特徵參數。Pareto 分佈和 Weibull 分佈是操作損失強度樣本的最佳擬合分佈。為此，本章在重尾性極值模型下建立操作風險監管資本度量模型。

對於監管資本度量誤差傳播機理。King（2001）認為操作風險不能直接度量，只能間接度量，在操作風險度量結果及其所依賴的一組度量值之間存在某種函數關係，通過對該度量模型的研究，根據誤差傳播法則，就可以預測操作風險的度量誤差。進一步地，Mignola 和 Ugoccioni（2006）研究了操作風險監管資本度量誤差預測的基本原理，認為損失分佈特徵參數的估計誤差會傳導形成監管資本度量誤差。但是，這兩位學者都未構建出操作風險度量誤差的預測模型。以此為基礎，莫建明和周宗放（2007）假設操作損失強度為 Weibull 分佈，系統探討了監管資本度量誤差的合成機理：損失樣本分佈特徵參數的誤差經誤差傳播系數的傳導，合成操作風險價值的誤差。進一步地，莫建明和周宗放（2008）和莫建明等（2015）假設操作損失強度為 Pareto 分佈，構建了監管資本度量誤差的預測模型。張明善等（2014）假設操作損失強度為 Weibull 分佈，構建出度量誤差測度模型。兩重尾性極值模型下操作風險度量誤差傳播機理為進一步探索其變動規律奠定了理論基礎。

本章研究監管資本及其度量誤差度量問題。首先，建立監管資本度量模型；然後，探討度量誤差測度模型。

3.2 監管資本度量模型

損失分佈法能夠很好地刻畫操作風險的重尾性，受到業界和理論界的一致推崇。2001 年，巴塞爾委員會諮詢文件提出了應用損失分佈法度量操作風險的基本思想，在操作損失事件的損失頻數和損失強度的有關假設基礎上，對產品線/損失事件類型矩陣中的每一類操作損失的損失頻數分佈和損失強度分佈分別進行估計，並複合成複合分佈，從而計算出某一時期一定置信度 α 下，該類型操作損失複合分佈的操作風險價值的方法。

針對操作風險度量問題，BASEL Ⅱ給出了操作損失分類標準，考慮在業務線 i 中損失事件類型 j，有操作損失子類 (i,j)。假設在時間 t 到 $t+\Delta t$ 間操作損失發生為隨機事件，相應隨機變量 $N(i,j)$ 對應的概率為 $p(i,j)$，在損失分佈法下，損失頻數分佈函數為

$$\mathrm{P}_{i,j}(n)=\sum_{k=0}^{n}p_{i,j}(k)$$

從時間 t 到 $t+\Delta t$，操作損失子類 (i,j) 的操作損失強度為

$$\vartheta(i,j)=\sum_{n=0}^{N(i,j)}\zeta_n(i,j)$$

隨機變量 $\zeta(i,j)$ 表示操作損失子類 (i,j) 發生某一損失事件的損失量，在損失分佈法下，損失強度分佈函數表示為 $F_{i,j}$。將操作損失強度分佈 $F_{i,j}$ 和損失頻數分佈 $p(i,j)$ 複合後得到複合分佈函數為 $G_{i,j}$

$$G_{i,j}(x)=\sum_{n=1}^{n}p_{i,j}(n)F_{i,j}^{*n}(x)\cdots\cdots\cdots\cdots x>0 \qquad (3-1)$$

式中，* 為對分佈函數進行卷積計算；F^{*n} 為分佈函數 $F_{i,j}$ 自身進行 n 次卷積；$F_{i,j}$ 為損失強度分佈函數；$p(i,j)$ 為損失頻數分佈函數。

由式（3-1）可知，度量操作風險的操作損失分佈為由損失強度分佈 $F_{i,j}$ 和損失頻數分佈 $p(i,j)$ 複合而成的複合分佈函數 $G_{i,j}$。根據操作損失發生頻數的特性，操作損失頻數分佈 $p_{\Delta t}(\cdot)$ 可以用 Poisson 分佈來擬合，但是，該分佈不能反應樣本超離散性，負二項分佈卻提供了較好的解決途徑。Gourier 等（2009）實證研究發現當置信度 99.9%時，在兩分佈下監管資本的差異非常小，負二項分佈下的監管資本比 Poisson 分佈下大約多 5%，但是存在監管資本高估問題。Fengge 等（2012）也發現操作損失頻數能較好地擬合 Poisson 分佈。基於此，在本書中擬假設操作損失頻數分佈 $p(i,j)$ 為 Poisson 分佈。

由已有實證研究可知，操作損失強度樣本的最佳擬合分佈為重尾性極值模型 Pareto 分佈和 Weibull 分佈。雖然兩分佈都是重尾分佈，但是，Pareto 分佈屬於 GPD 和 Weibull 分佈屬於 GEV，即兩分佈模型存在差異。為此，本書將假設操作損失強度分佈 $F_{i,j}$ 分別為重尾性極值模型 Pareto 分佈和 Weibull 分佈，研究操作風險度量誤差隨監管資本變動的規律。

複合分佈函數 $G_{i,j}$ 由 Pareto 分佈（Weibull 分佈）和 Poisson 分佈複合而成，因此，一般採用快速傅里葉變換、蒙特卡羅模擬以及 Panjer 遞推等方法來估計監管資本（操作風險價值）。但是，所有這些方法都不能得到監管資本的解析解，因而無法獲知操作風險監管資本相對於損失分佈特徵參數的靈敏度，監管資本度量誤差估計問題成為一大難題。

Bocker 和 KlÄuppelberg（2005）、Bocker 和 Sprittulla（2006）與 Bocker（2006）研究發現，在操作損失強度分佈為次指數分佈的情況下，當以損失分佈法度量該操作風險複合分佈的尾部風險時，監管資本［$OpVaR(\alpha)$］存在近似解析解。

$$OpVaR_{\Delta t}(\alpha) \cong F^{-1}\left(1 - \frac{1-\alpha}{\lambda}\right) \tag{3-2}$$

式中，Δt 為估計 $OpVaR(\alpha)$ 的目標期間；α 為操作損失強度和損失頻數構成的複合分佈的置信度；F（·）為操作損失強度的累積分佈函數；λ 為在目標期間 Δt 下操作損失頻數的期望值。

諸多文獻對理論模型式（3-2）進行了深入研究和完善。Bocker 和 Klüppelberg（2010）以理論模型式（3-2）為基礎建立了操作風險度量的多元模型。Degen（2010）以仿真方法探討了當頻數參數 λ 變動時 $OpVaR(\alpha)$ 的度量誤差問題，並提出改進方法。以此為基礎，Opdyke（2014）探討了不同操作損失類型 $OpVaR(\alpha)$ 合計時存在的 Jense 不等式問題，並提出改進辦法。已有研究為本書在該度量模型式（3-2）下探討監管資本及其度量誤差問題奠定了堅實的理論基礎。

Yang 和 Kaiyong（2013）理論研究表明重尾性極值模型 Pareto 分佈和 Weibull 分佈都屬於強次指數分佈，因此，在由重尾性極值模型和 Poisson 分佈複合而成的複合分佈 $G_{i,j}$ 下，由式（3-2）即可得監管資本解析解。由於位置參數不影響損失強度分佈的形狀，為研究方便，在此假設 Pareto 分佈和 Weibull 分佈都為兩參數模型，即僅考慮形狀參數 ξ 和尺度參數 θ，不考慮位置參數。

由式（3-2），根據累積分佈函數性質可知，$0 \leqslant 1-(1-\alpha)/\lambda \leqslant 1$，因此有 $\lambda/(1-\alpha) \geqslant 1$。實際上，當 $\lambda/(1-\alpha)=1$ 時，則 $OpVaR_{\Delta t}(\alpha)=0$，即不存

在操作風險，表明金融機構業務活動已停止；當 $\lambda/(1-\alpha)>1$ 時，則 $OpVaR_{\Delta t}(\alpha)>0$，表明金融機構業務活動處於正常狀態，這是金融機構操作風險的一般狀態。

根據式（3-2），假設操作損失強度分佈分別為重尾性極值模型 Pareto 分佈和 Weibull 分佈，可得操作風險監管資本 OpVaR(α) 度量模型。

（1）假設操作損失強度分佈為 Weibull 分佈。根據 Dionne 和 Dahen（2008）對操作損失強度的擬合結果，當操作損失強度為 Weibull 分佈時：

$$F_w(x)=1-\exp\left[-\left(\frac{x}{\theta_w}\right)^{\xi_w}\right],\ x>0,\ \xi_w>0,\ \theta_w>0 \qquad (3\text{-}3)$$

式中，x 為操作損失強度；θ_w 為 Weibull 分佈尺度參數；ξ_w 為 Weibull 分佈形狀參數。

將式（3-3）代入式（3-2），得

$$OpVaR_{\Delta t}(\alpha)_w\cong\theta_w\left(\ln\frac{\lambda_w}{1-\alpha}\right)^{\frac{1}{\xi_w}},\ \xi_w>0,\ \theta_w>0,\ \lambda_w\geqslant 0 \qquad (3\text{-}4)$$

因 $\lambda_w/(1-\alpha)\geqslant 1$，則 $\ln[\lambda_w/(1-\alpha)]\geqslant 0$，所以 $\left(\ln\frac{\lambda_w}{1-\alpha}\right)^{\xi_w^{-1}}\geqslant 0$，$OpVaR_{\Delta t}(\alpha)_w\geqslant 0$，即式（3-4）有意義。當 $\lambda_w/(1-\alpha)=1$ 時，則 $OpVaR_{\Delta t}(\alpha)_w=0$，即不存在操作風險，若金融機構停止業務活動，操作風險不存在；當 $\lambda_w/(1-\alpha)>1$ 時，則 $OpVaR_{\Delta t}(\alpha)_w>0$，這是商業銀行操作風險的一般狀態。

由式（3-4）可知，在置信度 α 一定的情況下，監管資本的影響因子為損失分佈特徵參數：尺度參數 θ_w、形狀參數 ξ_w、頻數參數 λ_w。

（2）假設操作損失強度分佈為 Pareto 分佈。Moscadelli（2004）與 Gourier 等（2009）實證研究表明操作損失強度分佈為 Pareto 分佈：

$$F(x)=1-\left(1+\xi_p\frac{x}{\theta_p}\right)^{-\frac{1}{\xi}},\ x>0,\ \theta_p>0,\ \xi_p>0 \qquad (3\text{-}5)$$

式中，x 為操作損失強度；θ_p 為廣義 Pareto 分佈尺度參數；ξ_p 為廣義 Pareto 分佈形狀參數。

在式（3-5）中，尺度參數 θ_p 表明 Pareto 分佈的離散程度，θ_p 越大，分佈的離散程度越大；形狀參數 ξ_p 表明 Pareto 分佈尾部厚度以及拖尾的長度，又稱尾指數，ξ_p 越大，分佈拖尾越長，尾部越厚。

將式（3-5）代入式（3-2），可得監管資本［操作風險價值，OpVaR(α)］

$$\mathrm{OpVaR}_{\Delta t}(\alpha)_p \cong \frac{\theta_p}{\xi_p}\left[\left(\frac{\lambda_p}{1-\alpha}\right)^{\xi_p} - 1\right],\ \xi_p > 0,\ \theta_p > 0,\ \lambda_p \geqslant 0 \quad (3\text{-}6)$$

因此，由式（3-6）可知，在高置信度 α 一定的情況下，監管資本的影響因子為損失分佈特徵參數：尺度參數 θ_p 、形狀參數 ξ_p 、頻數參數 λ_w。

3.3 度量誤差的測度模型

理論上，度量分為直接度量和間接度量。操作風險監管資本不能直接度量，只能間接度量。針對操作風險監管資本度量問題，BASEL Ⅱ 提出了三種複雜性和風險敏感度依次遞增的度量方法：基本指標法、標準法、高級計量法。這些度量方法都是對監管資本進行間接度量。

Taylor（1997）認為間接的不確定性度量可通過對度量模型的研究來得到，若在感興趣項目的度量及其所依賴的一組度量值之間存在某種函數關係，給定函數 $q(x)$，那麼間接度量結果的不確定性可由下式計算：

$$\Delta q = \frac{\mathrm{d}q}{\mathrm{d}x}\Delta x$$

式中，$\mathrm{d}q/\mathrm{d}x$ 為 q 對 x 的敏感度。

由於操作風險監管資本及其度量誤差為間接度量值，因此，這兩者相對於分佈特徵參數 ξ、θ 與 λ 變動的敏感度可根據該理論進行分析。

King（2001）認為如果感興趣項目的度量（y）與一組度量值（x_1，x_2，…，x_n）之間存在某種函數關係：

$$y = f(x_1,\ x_2,\ \cdots,\ x_n)$$

式中，x_1，x_2，…，x_n 容易度量或預測，則可根據上式計算出感興趣項目的度量值 y，度量值 y 為間接度量結果。在不考慮相關性的情況下，King（2001）認為 y 的度量誤差 σ_y^2 可以計算如下：

$$\sigma_y^2 = \left(\frac{\partial f}{\partial x_1}\right)^2 \sigma_{x_1}^2 + \left(\frac{\partial f}{\partial x_2}\right)^2 \sigma_{x_2}^2 + \cdots + \left(\frac{\partial f}{\partial x_n}\right)^2 \sigma_{x_n}^2 \tag{3-7}$$

式中，$\sigma_{x_i}^2$ 為 x_i 的度量誤差；$\partial f/\partial x_i$ 為度量值 y 對各個因子（x_1，x_2，…，x_n）的靈敏度。

根據式（3-7），就可以得到感興趣項目的度量值 y 的度量誤差，這種誤差度量方法稱為誤差傳播法則。該誤差度量方法符合「度量不確定性表述指南 1999」。

根據誤差傳播理論，Mignola 和 Ugoccioni（2006）操作風險度量結果的不確定性可以表示為

$$\Delta q \approx \sqrt{\sum_{i=1}^{n}\sum_{j=1}^{n} \frac{\partial S^{-1}(p)}{\partial \alpha_i}\frac{\partial S^{-1}(p)}{\partial \alpha_j} V_{ij}} \tag{3-8}$$

式中，$\alpha_i(i=1,\ \cdots,\ n)$ 為操作損失強度或損失頻數分佈特徵參數；V_{ij} 為操作損失分佈特徵參數 α_i 和 α_j 的相關係數；$S(x)$ 為總損失函數；$S^{-1}(x)$ 為 $S(x)$ 的反函數；p 為置信度。

式（3-7）和式（3-8）即為誤差傳播理論模型。根據該理論，操作損失分佈特徵參數 ξ、θ 與 λ 的估計誤差（標準差）經誤差傳播系數的傳遞，合成監管資本度量誤差（標準差）。因此，當不考慮 ξ、θ 與 λ 之間相關性時，可得監管資本的度量誤差（標準差）如下：

$$\sigma_{\mathrm{OpVaR}(\alpha)} = \sqrt{\left(\frac{\partial \mathrm{OpVaR}}{\partial \theta}\right)^2 \sigma_\theta^2 + \left(\frac{\partial \mathrm{OpVaR}}{\partial \xi}\right)^2 \sigma_\xi^2 + \left(\frac{\partial \mathrm{OpVaR}}{\partial \lambda}\right)^2 \sigma_\lambda^2} \tag{3-9}$$

式中，σ_ξ、σ_θ 及 σ_λ 分別表示 ξ、θ 與 λ 的估計誤差（標準差）。

由式（3-2）和式（3-9）可得監管資本置信區間為 [$\mathrm{OpVaR}(\alpha) \pm \tau\sigma_{\mathrm{OpVaR}}$]，其中 τ 為某一置信度下的置信系數，$\mathrm{OpVaR}(\alpha)$ 為監管資本的點估計值。置信區間長度 $2\tau\sigma_{\mathrm{OpVaR}}$ 為監管資本的度量誤差，由兩個量決定：（i）置信系數 τ，由主觀設定的置信度決定；（ii）$\mathrm{OpVaR}(\alpha)$ 的標準差 σ_{OpVaR}，由分佈特徵參數標準差和誤差傳播系數共同決定。因此，在客觀上，度量誤差由標準差 σ_{OpVaR} 決定，標準差 σ_{OpVaR} 變動規律即是監管資本度量誤差的變動規律。

3.4　本章小結

操作風險具有顯著的重尾性，實證研究表明在極值模型中具有重尾性的 Pareto 分佈和 Weibull 分佈是操作損失強度樣本的最佳擬合分佈，理論研究表明在極值模型中僅 Pareto 分佈（屬於 GPD）和 Weibull 分佈（屬於 GEV）為重尾性極值模型。基於此，為系統研究操作風險度量的相對誤差和絕對誤差的變動規律，本章在重尾性極值模型下建立了監管資本與其度量誤差的度量模型：首先，在重尾性極值模型下，建立了度量操作風險監管資本的一般模型；然後，分別在 Pareto 分佈和 Weibull 分佈下構建出度量監管資本的具體模型；最後，根據誤差傳播理論，建立了監管資本度量誤差的測度模型。

4 相對誤差隨監管資本變動的特徵

4.1 引言

式（3-2）度量結果 OpVaR(α) 為操作風險監管資本的期望值，式（3-5）度量結果 $\sigma_{OpVaR(\alpha)}$ 表示監管資本 OpVaR(α) 度量結果的絕對誤差［OpVaR(α) 的標準差］。本章將在第 3 章研究結果基礎上進一步探討監管資本相對誤差隨監管資本變動的一般規律。已有文獻主要從置信度和損失分佈特徵參數兩個角度來對度量誤差進行了探討。

（1）置信度變動對度量誤差的影響。莫建明和周宗放（2007）以仿真方法分析表明，隨著置信度遞增，操作風險監管資本度量誤差加速遞增，且在高置信度下該度量誤差不可忽視。Gourier 等（2009）實證研究發現，監管資本在置信度為 85%～92%時比較穩定，但當置信度超過 92%後，隨著置信度遞增，監管資本變得非常不穩定，其度量的不確定性增強。

（2）損失分佈特徵參數變動對度量誤差的影響。在損失分佈法下，損失分佈特徵參數有損失強度分佈特徵參數和損失頻數參數兩類。Degen（2010）以仿真方法分析發現，隨損失頻數參數遞增，監管資本度量誤差遞增。對於損失強度分佈特徵參數，張明善等（2014）假設操作損失強度為 Weibull 分佈，系統研究發現監管資本度量誤差靈敏度的變動僅與形狀參數和頻數參數有關。一般地，度量誤差大小是相對於監管資本大小而言的，只有研究度量誤差隨監管資本變動的規律，才能準確評估度量誤差大小，Degen（2010）和張明善等

（2014）僅探討了損失分佈特徵參數對度量誤差的影響。度量誤差是相對於監管資本大小而言的，只有將兩者聯繫起來研究，才能準確評估度量誤差，可見，Degen（2010）和張明善等（2014）研究存在明顯不足。為此，莫建明等（2015）假設操作損失強度為 Pareto 分佈，進一步研究了在損失分佈特徵參數影響下度量誤差隨監管資本變動的特徵。度量誤差不僅是評估監管資本度量結果質量的重要指標，而且在監管資本點估計值要求方式下可以用於估計監管遺漏風險大小，因此，系統研究度量誤差具有重要意義。

本章分別在重尾性極值模型 Weibull 分佈和 Pareto 分佈下系統研究相對誤差隨監管資本變動的一般規律，探尋操作風險監管遺漏風險變動的特徵。為此，本章從兩個角度來分別研究監管資本相對誤差變動規律：首先，假設分佈特徵參數標準離差率不變，分析分佈特徵參數變動對相對誤差的影響；然後，假設分佈特徵參數標準差不變，分析分佈特徵參數變動對相對誤差的影響。

4.2 監管資本及其相對誤差的公共影響因子

在監管資本 $\mathrm{OpVaR}(\alpha)$ 相等的情況下，$\mathrm{OpVaR}(\alpha)$ 標準差 $\sigma_{\mathrm{OpVaR}(\alpha)}$ 越大，$\mathrm{OpVaR}(\alpha)$ 離散度越大。當在 $\mathrm{OpVaR}(\alpha)$ 不相等的情況下，不能以 $\sigma_{\mathrm{OpVaR}(\alpha)}$ 來比較 $\mathrm{OpVaR}(\alpha)$ 離散度的大小，須由 $\mathrm{OpVaR}(\alpha)$ 的標準離差率（表示相對誤差）來比較其離散度。

將式（3-5）除以式（3-2），可得 $\mathrm{OpVaR}(\alpha)$ 的標準離差率為

$$V = \frac{\sigma_{\mathrm{OpVaR}(\alpha)}}{\mathrm{OpVaR}(\alpha)} = \frac{\sqrt{\left(\frac{\partial \mathrm{OpVaR}}{\partial \theta}\right)^2 \sigma_\theta^2 + \left(\frac{\partial \mathrm{OpVaR}}{\partial \xi}\right)^2 \sigma_\xi^2 + \left(\frac{\partial \mathrm{OpVaR}}{\partial \lambda}\right)^2 \sigma_\lambda^2}}{\mathrm{OpVaR}(\alpha)} \tag{4-1}$$

進一步地，根據式（4-1），可以對監管資本 $\mathrm{OpVaR}(\alpha)$ 相對誤差度量模型進行兩種表現形式的變化。

（1）$V_1=\frac{\sigma_{OpVaR(\alpha)}}{OpVaR(\alpha)}$

$$=\sqrt{\left(\frac{\partial OpVaR}{\partial\theta}\cdot\frac{\theta}{OpVaR(\alpha)}\right)^2\left(\frac{\sigma_\theta}{\theta}\right)^2+\left(\frac{\partial OpVaR}{\partial\xi}\cdot\frac{\xi}{OpVaR(\alpha)}\right)^2\left(\frac{\sigma_\xi}{\xi}\right)^2+\left(\frac{\partial OpVaR}{\partial\lambda}\cdot\frac{\lambda}{OpVaR(\alpha)}\right)^2\left(\frac{\sigma_\lambda}{\lambda}\right)^2}$$

$$=\sqrt{\left(\frac{\partial OpVaR}{\partial\theta}\cdot\frac{\theta}{OpVaR(\alpha)}\right)^2V_\theta^2+\left(\frac{\partial OpVaR}{\partial\xi}\cdot\frac{\xi}{OpVaR(\alpha)}\right)^2V_\xi^2+\left(\frac{\partial OpVaR}{\partial\lambda}\cdot\frac{\lambda}{OpVaR(\alpha)}\right)^2V_\lambda^2} \tag{4-2}$$

式中，V_1 為 OpVaR(α) 的標準離差率，V_ξ、V_θ 和 V_λ 分別為 ξ、θ 與 λ 的標準離差率。

根據 King（2001）、Mignola 和 Ugoccioni（2006）研究所得誤差傳播法則的基本原理，在相對誤差 V_1 度量模型為式（4-2）情況下，操作風險監管資本度量誤差傳播系數定義如下。

定義 4-1 誤差傳播系數是指分佈特徵參數（ξ、θ 與 λ）的標準離差率合成到 OpVaR(α) 的標準離差率中去的比例。分佈特徵參數 ξ、θ、λ 的誤差傳播系數分別為

$$h_\theta=\frac{\partial OpVaR}{\partial\theta}\times\frac{\theta}{OpVaR(\alpha)},\quad h_\xi=\frac{\partial OpVaR}{\partial\xi}\times\frac{\xi}{OpVaR(\alpha)},$$

$$h_\lambda=\frac{\partial OpVaR}{\partial\lambda}\times\frac{\lambda}{OpVaR(\alpha)}$$

由式（4-2）可知，OpVaR(α) 的標準離差率 V_1 由特徵參數標準離差率（V_ξ、V_θ 和 V_λ）和不確定性傳遞系數（h_θ、h_ξ 和 h_λ）共同決定。假設分佈特徵參數標準離差率（V_ξ、V_θ 和 V_λ）不變，不確定性傳遞系數是標準離差率 V_1 的唯一影響因子。

由定義 4-1 可知，在置信度 α 一定的條件下，h_θ、h_ξ 以及 h_λ 由影響 OpVaR(α) 的因子分佈特徵參數 θ、ξ、λ 決定，因此，監管資本 OpVaR(α) 標準離差率（相對誤差 V_1）的影響因子為分佈特徵參數 θ、ξ、λ。不確定性傳遞系數 h_θ、h_ξ、h_λ 相對於分佈特徵參數 θ、ξ、λ 的靈敏度，表徵了相對誤差 V_1 相對於分佈特徵參數 θ、ξ、λ 的靈敏度。

根據式（3-2）可知，在置信度一定的條件下，OpVaR(α) 的影響因子由損失強度分佈特徵參數（形狀參數 ξ、尺度參數 θ）和損失頻數參數 λ 決定。

由上述分析可知，在前述假定下，在置信度 α 一定的情況下，當不考慮分

佈特徵參數標準離差率（V_ξ、V_θ 和 V_λ）變動時，監管資本及其相對誤差 V_1 存在公共影響因子分佈特徵參數 θ、ξ、λ。根據監管資本及其相對誤差 V_1 相對於這些公共影響因子（θ、ξ、λ）變動的敏感度，即可獲知相對誤差 V_1 隨監管資本變動的特徵。

（2）$V_2 = \dfrac{\sigma_{\mathrm{OpVaR}(\alpha)}}{\mathrm{OpVaR}(\alpha)}$

$$= \sqrt{\left(\frac{\partial \mathrm{OpVaR}}{\partial \theta}\cdot\frac{1}{\mathrm{OpVaR}(\alpha)}\right)^2 \sigma_\theta^2 + \left(\frac{\partial \mathrm{OpVaR}}{\partial \xi}\cdot\frac{1}{\mathrm{OpVaR}(\alpha)}\right)^2 \sigma_\xi^2 + \left(\frac{\partial \mathrm{OpVaR}}{\partial \lambda}\cdot\frac{1}{\mathrm{OpVaR}(\alpha)}\right)^2 \sigma_\lambda^2} \tag{4-3}$$

根據 King（2001）、Mignola 和 Ugoccioni（2006）研究所得誤差傳播法則的基本原理，在相對誤差 V_2 度量模型為式（4-3）情況下，操作風險監管資本度量誤差傳播系數定義為：

定義 4-2 誤差傳播系數是指分佈特徵參數（ξ、θ 與 λ）的標準離差率合成到 OpVaR(α) 的標準離差率中去的比例。分佈特徵參數 ξ、θ 與 λ 的誤差傳播系數分別為

$$b_\theta = \frac{\partial \mathrm{OpVaR}}{\partial \theta} \times \frac{1}{\mathrm{OpVaR}(\alpha)},\quad b_\xi = \frac{\partial \mathrm{OpVaR}}{\partial \xi} \times \frac{1}{\mathrm{OpVaR}(\alpha)},$$

$$b_\lambda = \frac{\partial \mathrm{OpVaR}}{\partial \lambda} \times \frac{1}{\mathrm{OpVaR}(\alpha)}$$

由式（4-3）可知，由於相對誤差 V_2 由分佈特徵參數標準差（σ_ξ、σ_θ 和 σ_λ）和誤差傳播系數（b_θ、b_ξ 和 b_λ）共同決定，因此，在分佈特徵參數標準差一定的條件下，誤差傳播系數是度量誤差的唯一影響因子。由定義 4-2 可知，在置信度 α 一定的條件下，誤差傳播系數的唯一影響因子為損失分佈特徵參數 ξ、θ 與 λ。

因此，在前述假定下，在置信度 α 一定的情況下，監管資本及其相對誤差 V_2 的客觀影響因子為損失分佈特徵參數 ξ、θ 與 λ。根據監管資本及其相對誤差 V_2 相對於這些公共影響因子（θ、ξ、λ）變動的敏感度，即可獲知相對誤差 V_2 隨監管資本變動的特徵。

顯然，在監管資本相對誤差度量模型分別為式（4-2）和式（4-3）的情況下，由於誤差傳播系數存在差異，因此 OpVaR(α) 相對誤差變動的特徵不

同。為此，本章將假設操作損失強度為 Weibull 分佈或 Pareto 分佈，在相對誤差度量模型為式（4-2）和式（4-3）兩種情況下，分別討論相對誤差 V_1 和 V_2 變動的特徵規律，進而獲知操作風險尾部風險狀態的特徵。

4.3 相對誤差 V_1 隨監管資本變動特徵

以下在相對誤差度量模型為式（4-2）的情況下，將假設操作損失強度為 Weibull 分佈或 Pareto 分佈，分別討論相對誤差 V_1 變動的一般規律，進而獲知操作風險尾部風險狀態的特徵。

4.3.1 Weibull 分佈下相對誤差變動特徵

4.3.1.1 理論模型

將式（3-4）代入定義 4-1，可得分佈特徵參數的誤差傳播系數 h_{θ_w}、h_{ξ_w} 和 h_{λ_w} 分別為

$$h_{\theta_w} = 1 \tag{4-4}$$

$$h_{\xi_w} = - ln\left(\ln \frac{\lambda_w}{1 - \alpha}\right)^{\xi_w^{-1}} \tag{4-5}$$

$$h_{\lambda_w} = (\xi_w \ln \frac{\lambda_w}{1 - \alpha})^{-1} \tag{4-6}$$

由式（4-4）~式（4-6）可知，h_{θ_w} 為常數 1，h_{ξ_w} 和 h_{λ_w} 僅與特徵參數 ξ_w、λ_w 有關，因此，在前述假定下，在置信度 α 一定的情況下，監管資本相對誤差 V_1 變動僅與分佈特徵參數 ξ_w、λ_w 有關，與 θ_w 無關。h_{ξ_w} 和 h_{λ_w} 相對於分佈特徵參數 ξ_w、λ_w 變動的靈敏度，表徵了相對誤差 V_1 的靈敏度。由式（4-2）可知，本質上是因 $|h_{\xi_w}|$、$|h_{\lambda_w}|$ 變動而導致標準離差率 V_1 變動。進一步地，由式（4-5）可證明，當 $0 < \ln[\lambda_w/(1-\alpha)] \leq 1$ 時，$h_{\xi_w} \geq 0$；當 $\ln[\lambda_w/(1-\alpha)] > 1$ 時，$h_{\xi_w} < 0$。因此，須以 $h_{\xi_w}^2$、$h_{\lambda_w}^2$ 相對於 ξ_w、λ_w 變動的敏感度，來表徵相對誤差 V_1 相對於分佈特徵參數的敏感度。

由以上兩方面分析可知，在置信度 α 一定的條件下，監管資本與其相對誤

差的公共影響因子為ξ_w、λ_w，分析 OpVaR(α)、$h_{\xi_w}^2$、$h_{\lambda_w}^2$ 相對於ξ_w、λ_w變動的靈敏度，相對誤差 V_1 隨監管資本變動的特徵，進而獲知操作風險監管遺漏風險變動的一般規律。

由式（3-4）、式（4-5）~式（4-6）知，當ξ_w變動時，OpVaR(α)、$h_{\xi_w}^2$、$h_{\lambda_w}^2$ 將同時變動，有如下命題。

命題 W4-1 在前述假定下，存在：①當 $0 < \ln[\lambda_w/(1-\alpha)] \leqslant 1$ 時，$\partial \text{OpVaR}/\partial\xi_w \geqslant 0$，當 $\ln[\lambda_w/(1-\alpha)] > 1$ 時，$\partial \text{OpVaR}/\partial\xi_w < 0$；② $\partial h_{\lambda_w}^2/\partial\xi_w \leqslant 0$，$\partial h_{\xi_w}^2/\partial\xi_w \leqslant 0$。

證明 對於①，由式（3-4）可得

$$\frac{\partial \text{OpVaR}}{\partial \xi_w} = -\frac{\theta_w}{\xi_w^2}\left(\ln\frac{\lambda_w}{1-\alpha}\right)^{\frac{1}{\xi_w}} \ln\left(\ln\frac{\lambda_w}{1-\alpha}\right) \tag{4-7}$$

因 $\xi_w > 0$，$\theta_w > 0$ 且 $\left(\ln\frac{\lambda_w}{1-\alpha}\right)^{\xi_w^{-1}} \geqslant 0$，則當 $0 < \ln\frac{\lambda_w}{1-\alpha} \leqslant 1$ 時，$\partial \text{OpVaR}/\partial\xi_w \geqslant 0$，當 $\ln\frac{\lambda_w}{1-\alpha} > 1$ 時，$\partial \text{OpVaR}/\partial\xi_w < 0$。

對於②，由式（4-5）可得

$$\frac{\partial h_{\xi_w}^2}{\partial \xi_w} = -2\xi_w^{-3}\left[\ln\left(\ln\frac{\lambda_w}{1-\alpha}\right)\right]^2 \tag{4-8}$$

因 $\xi_w > 0$ 且 $\left[\ln\left(\ln\frac{\lambda_w}{1-\alpha}\right)\right]^2 \geqslant 0$，則 $\partial h_{\xi}^2/\partial\xi_w \leqslant 0$。由式（4-6）可得

$$\frac{\partial h_{\lambda_w}^2}{\partial \xi_w} = -2\xi_w^{-3}\left(\ln\frac{\lambda_w}{1-\alpha}\right)^{-2} \tag{4-9}$$

因 $\xi_w > 0$ 且 $\left(\ln\frac{\lambda_w}{1-\alpha}\right)^2 \geqslant 0$，則 $\partial h_{\lambda_w}^2/\partial\xi_w \leqslant 0$。

根據命題 W4-1 可知，在形狀參數影響下，相對誤差隨監管資本變動趨勢有兩種可能性：①當 $0 < \ln[\lambda_w/(1-\alpha)] < 1$ 時，隨監管資本遞增，V^2 遞減，相對誤差減小；②當 $\ln[\lambda_w/(1-\alpha)] = 1$ 時，在監管資本變動時，V^2 不變，相對誤差不變；③當 $\ln[\lambda_w/(1-\alpha)] > 1$ 時，隨監管資本遞增，V^2 遞增，相對誤差增大。

由此可見，$\ln[\lambda_w/(1-\alpha)] = 1$ 為相對誤差隨監管資本變動趨勢的極值風

險狀態點，也是操作風險狀態發生變化的極值風險狀態點。根據 BASEL Ⅱ 操作風險高級計量法的穩健標準，操作風險度量置信度為 99.9%，由 $\ln[\lambda_w/(1-\alpha)]=1$ 知，當 $\alpha=99.9\%$ 時，$\lambda_w=0.002,7$。由此可見，隨監管資本遞增，在 $\lambda_w<0.002,7$ 區域，相對誤差減小，在 $\lambda_w=0.002,7$ 處相對誤差變動趨勢發生突變，進入 $\lambda_w>0.002,7$ 區域後，相對誤差增大。因此，儘管操作風險在高置信度99.9%下呈現出顯著重尾性，但是其尾部的重尾性風險性態會發生突變，其極值風險狀態點為 $\lambda_w=0.002,7$。

由式（3-4）、式（4-5）~式（4-6）知，當 λ_w 變動時，OpVaR(α)、$h^2_{\xi_w}$、$h^2_{\lambda_w}$ 將同時變動，有如下命題。

命題 W4-2　在前述假定下，存在：① $\partial\mathrm{OpVaR}/\partial\lambda_w>0$；②當 $0<\ln[\lambda_w/(1-\alpha)]\leqslant 1$ 時，$\partial h^2_{\xi_w}/\partial\lambda_w\leqslant 0$，當 $\ln[\lambda_w/(1-\alpha)]>1$ 時，$\partial h^2_{\xi_w}/\partial\lambda_w>0$，$\partial h^2_{\lambda_w}/\partial\lambda_w<0$。當 $\left|-\left(\ln\dfrac{\lambda_w}{1-\alpha}\right)^2\ln\left(\ln\dfrac{\lambda_w}{1-\alpha}\right)\right|\geqslant 1$ 時，$|\partial h^2_{\xi_w}/\partial\lambda_w|\geqslant|\partial h^2_{\mu_w}/\partial\lambda_w|$，反之，$|\partial h^2_{\xi_w}/\partial\lambda_w|<|\partial h^2_{\mu_w}/\partial\lambda_w|$。

證明　由式（3-4）可得

$$\frac{\partial\mathrm{OpVaR}}{\partial\lambda_w}=\frac{\theta_w}{\lambda_w\xi_w}\left(\ln\frac{\lambda_w}{1-\alpha}\right)^{\frac{1}{\xi_w}}\left(\ln\frac{\lambda_w}{1-\alpha}\right)^{-1}\tag{4-10}$$

因 $\xi_w>0$，$\theta_w>0$，$\lambda_w\geqslant 0$ 且 $\ln\dfrac{\lambda_w}{1-\alpha}>0$，則 $\partial\mathrm{OpVaR}/\partial\lambda_w>0$。由式（4-5）可得

$$\frac{\partial h^2_{\xi_w}}{\partial\lambda_w}=2\xi_w^{-2}\lambda_w^{-1}\left(\ln\frac{\lambda_w}{1-\alpha}\right)^{-1}\ln\left(\ln\frac{\lambda_w}{1-\alpha}\right)\tag{4-11}$$

因 $\xi_w>0$，$\lambda_w\geqslant 0$，則當 $0<\ln[\lambda_w/(1-\alpha)]\leqslant 1$ 時，$\partial h^2_{\xi_w}/\partial\lambda_w\leqslant 0$，當 $\ln[\lambda_w/(1-\alpha)]>1$ 時，$\partial h^2_{\xi_w}/\partial\lambda_w>0$。由式（4-6）可得

$$\frac{\partial h^2_{\lambda_w}}{\partial\lambda_w}=-2\xi_w^{-2}\lambda_w^{-1}\left(\ln\frac{\lambda_w}{1-\alpha}\right)^{-3}\tag{4-12}$$

因 $\xi_w>0$，$\lambda_w\geqslant 0$ 且 $\ln\dfrac{\lambda_w}{1-\alpha}>0$，則 $\partial h^2_{\lambda_w}/\partial\lambda_w<0$。

由式（4-11）和式（4-12）可得

$$\frac{\partial h^2_{\xi_w}/\partial \lambda_w}{\partial h^2_{\lambda_w}/\partial \lambda_w} = -\left(\ln \frac{\lambda_w}{1-\alpha}\right)^2 \ln\left(\ln \frac{\lambda_w}{1-\alpha}\right)$$

因此，當 $\left| -\left(\ln \frac{\lambda_w}{1-\alpha}\right)^2 \ln\left(\ln \frac{\lambda_w}{1-\alpha}\right) \right| \geqslant 1$ 時，$|\partial h^2_{\xi_w}/\partial \lambda_w| \geqslant |\partial h^2_{\mu_w}/\partial \lambda_w|$，反之，$|\partial h^2_{\xi_w}/\partial \lambda_w| < |\partial h^2_{\mu_w}/\partial \lambda_w|$。

由命題 W4-2 可知，第一，監管資本變動趨勢：$\partial OpVaR/\partial \lambda_w > 0$，表明隨頻數參數遞增，監管資本遞增，反之亦然。第二，相對誤差變動趨勢：$\partial h^2_{\lambda_w}/\partial \lambda_w < 0$，表明隨頻數參數遞增，$h^2_{\lambda_w}$ 遞減，反之亦然。但是，隨頻數參數遞增，$h^2_{\xi_w}$ 變動趨勢存在兩種可能性，即當 $0 < \ln[\lambda_w/(1-\alpha)] \leqslant 1$ 時，$h^2_{\xi_w}$ 遞減；當 $\ln[\lambda_w/(1-\alpha)] > 1$ 時，$h^2_{\xi_w}$ 遞增。因此，在 $h^2_{\lambda_w}$ 和 $h^2_{\xi_w}$ 的共同影響下，相對誤差變動趨勢存在不確定性。

令判別式 $\Delta E = -\left(\ln \frac{\lambda_w}{1-\alpha}\right)^2 \ln\left(\ln \frac{\lambda_w}{1-\alpha}\right)$，當 $\alpha = 99.9\%$ 時，判別式 ΔE 隨 λ_w 變化的趨勢如圖 4-1 所示。

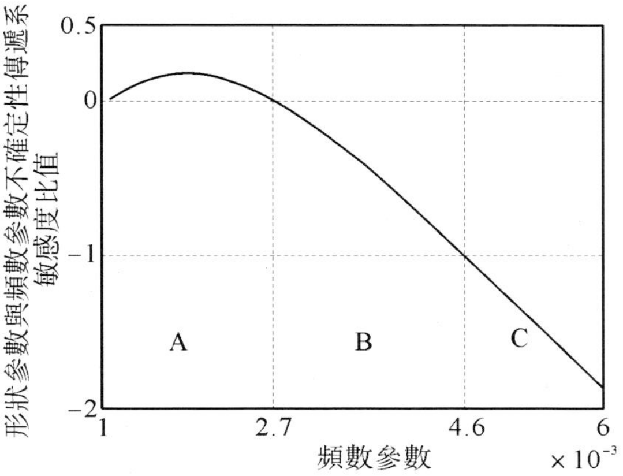

圖 4-1　$h^2_{\xi_w}$ 與 $h^2_{\lambda_w}$ 比值隨 λ_w 變化的趨勢

因 $\lambda_w/(1-\alpha) > 1$，則 $\lambda_w > 0.001$，因此，圖 4-1 中橫坐標以 $\lambda_w = 0.001$ 為起始點。當 $\Delta E = 0$ 時，$\lambda_w = 0.002,7$，$h^2_{\xi_w} = 0$，表明 $h^2_{\xi_w}$ 不隨頻數參數變動而變動；當 $\Delta E = -1$ 時，$\lambda_w = 0.004,6$，表明頻數參數對 $h^2_{\xi_w}$ 與 $h^2_{\lambda_w}$ 的影響程度相同，且 $h^2_{\xi_w}$ 和 $h^2_{\lambda_w}$ 變動方向相反。由此，可將 λ_w 的所有取值範圍分成三個區域，如圖 4-1 所示，相對誤差隨監管資本變動規律主要有以下兩種情況：

（1）隨監管資本遞增，相對誤差提高，反之亦然。在區域 A, $0.001 < \lambda_w < 0.002,7$，$|\Delta E| < 1$ 且 $\Delta E > 0$。$|\Delta E| < 1$ 表明頻數參數對 $h_{\xi_w}^2$ 的影響程度小於對 $h_{\lambda_w}^2$ 的影響程度。$\Delta E > 0$ 表明 $h_{\xi_w}^2$ 和 $h_{\lambda_w}^2$ 變動方向相同，因此，隨頻數參數遞增，$h_{\xi_w}^2$ 和 $h_{\lambda_w}^2$ 遞減，標準離差率遞減，相對誤差提高。此時，隨監管資本遞增，相對誤差增大，反之亦然。

（2）隨監管資本變動，相對誤差變動趨勢存在不確定性。主要有兩個區域：一是區域 B, $0.002,7 < \lambda_w < 0.004,6$，$|\Delta E| < 1$ 且 $\Delta E < 0$；二是區域 C, $\lambda_w > 0.004,6$，$|\Delta E| > 1$ 且 $\Delta E < 0$。在區域 B，頻數參數對 $h_{\xi_w}^2$ 的影響程度小於對 $h_{\lambda_w}^2$ 的影響程度，相反，在區域 C，頻數參數對 $h_{\xi_w}^2$ 的影響程度大於對 $h_{\lambda_w}^2$ 的影響程度。在兩區域 B 和 C 都存在，$h_{\xi_w}^2$ 和 $h_{\lambda_w}^2$ 變動方向相反的規律，因此，隨頻數參數遞增，$h_{\xi_w}^2$ 遞增，$h_{\lambda_w}^2$ 遞減，標準離差率（相對誤差）變動趨勢存在不確定性。由於相對誤差變動趨勢不僅與 $h_{\xi_w}^2$、$h_{\lambda_w}^2$ 變動趨勢相關，而且與 $V_{\xi_w}^2$、$V_{\lambda_w}^2$ 大小有關，因此，當 $\Delta E < 0$ 時，相對誤差變動趨勢有如下三種可能性：

①當 $\Delta h_{\xi_w}^2 V_{\xi_w}^2 > \Delta h_{\lambda_w}^2 V_{\lambda_w}^2$ 時，$\Delta V > 0$，標準離差率遞增，相對誤差遞增。頻數參數增加 $\Delta\lambda$，$h_{\xi_w}^2$ 增加 $\Delta h_{\xi_w}^2$，使 V^2 增加 $\Delta h_{\xi_w}^2 V_{\xi_w}^2$，$h_{\lambda_w}^2$ 減少 $\Delta h_{\lambda_w}^2$，使 V^2 減少 $\Delta h_{\lambda_w}^2 V_{\lambda_w}^2$，如果 $\Delta h_{\xi_w}^2 V_{\xi_w}^2 \geqslant \Delta h_{\lambda_w}^2 V_{\lambda_w}^2$，那麼 $\Delta V > 0$，即標準離差率 V 呈現遞增趨勢，監管資本相對誤差下降。此時，隨監管資本遞增，相對誤差遞增。

②當 $\Delta h_{\xi_w}^2 V_{\xi_w}^2 = \Delta h_{\lambda_w}^2 V_{\lambda_w}^2$ 時，$\Delta V = 0$，標準離差率不變，此時，無論監管資本如何變動，相對誤差都不變。

③當 $\Delta h_{\xi_w}^2 V_{\xi_w}^2 < \Delta h_{\lambda_w}^2 V_{\lambda_w}^2$ 時，$\Delta V < 0$，標準離差率遞減，相對誤差遞減。同上述分析可知，隨監管資本遞增，相對誤差遞減。

由此可見，當頻數參數變動時，由於相對誤差變動趨勢存在不確定性，因而相對誤差隨監管資本變動的趨勢存在不確定性：①在 $0.001 < \lambda_w < 0.002,7$ 條件下，隨監管資本遞增，相對誤差遞減，反之亦然。②在 $\lambda_w > 0.002,7$ 條件下，相對誤差隨監管資本變動的趨勢為：當 $\Delta h_{\xi_w}^2 V_{\xi_w}^2 > \Delta h_{\lambda_w}^2 V_{\lambda_w}^2$ 時，隨監管資本遞增，相對誤差遞增；當 $\Delta h_{\xi_w}^2 V_{\xi_w}^2 = \Delta h_{\lambda_w}^2 V_{\lambda_w}^2$ 時，相對誤差不變；當 $\Delta h_{\xi_w}^2 V_{\xi_w}^2 < \Delta h_{\lambda_w}^2 V_{\lambda_w}^2$ 時，隨監管資本遞增，相對誤差遞減。

由此可見，當 $\ln[\lambda_w/(1-\alpha)] > 1$ 時，隨監管資本變動，V^2 可能遞增也可

能遞減，相對誤差變動趨勢存在不確定性，為此進一步分析如下。

由式（4-2）可得

$$\frac{\partial V_w{}^2}{\partial \lambda_w} = V_{\xi_w}^2 \frac{\partial h_{\xi_w}^2}{\partial \lambda_w} + V_{\lambda_w}^2 \frac{\partial h_{\lambda_w}^2}{\partial \lambda_w} \tag{4-13}$$

進一步地，令 $\partial V_w^2/\partial \lambda_w = 0$，並將式（4-5）~式（4-6）代入式（4-13），可得

$$\frac{\partial h_{\xi_w}^2/\partial \lambda_w}{|\partial h_{\lambda_w}^2/\partial \lambda_w|} = \left(\ln \frac{\lambda_w}{1-\alpha}\right)^2 \ln\left(\ln \frac{\lambda_w}{1-\alpha}\right) = \frac{V_{\lambda_w}^2}{V_{\xi_w}^2} \tag{4-14}$$

因此，若令 $m = \left(\ln \frac{\lambda_w}{1-\alpha}\right)^2 \ln\left(\ln \frac{\lambda_w}{1-\alpha}\right)$，當 $m > V_{\lambda_w}^2/V_{\xi_w}^2$ 時，$\partial V_w^2/\partial \lambda_w > 0$；當 $m = V_{\lambda_w}^2/V_{\xi_w}^2$ 時，$\partial V_w^2/\partial \lambda_w = 0$；當 $m < V_{\lambda_w}^2/V_{\xi_w}^2$ 時，$\partial V_w^2/\partial \lambda_w < 0$。根據巴塞爾協議，令 $\alpha = 99.9\%$，$m = (\ln 1,000\lambda_w)^2 \ln(\ln 1,000\lambda_w)$，$m$ 隨頻數參數變化的趨勢曲線 L' 如圖 4-2 所示。

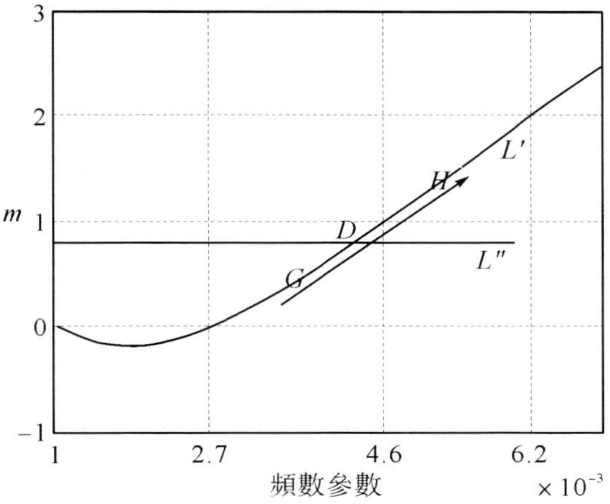

圖 4-2　在頻數參數 λ_w 影響下 m 變動趨勢

由前述分析知，V_{ξ_w} 和 V_{λ_w} 為常數，設 $V_{\lambda_w}^2/V_{\xi_w}^2$ 為任意常數值，得當 $m = V_{\lambda_w}^2/V_{\xi_w}^2$ 時直線 L'' 如圖 4-2 所示。曲線 L' 與直線 L'' 相交於點 D。在曲線 L' 上，點 D 以上部分稱為區域 H，點 D 以下部分稱為區域 G。

由命題 W4-2 知 $\partial \text{OpVaR}/\partial \lambda_w > 0$，因此，如圖 4-2 所示，相對誤差隨監管資本變動趨勢存在以下三種可能性：若操作風險初始狀態位於區域 G 有 $m <$

$V^2_{\lambda_w}/V^2_{\xi_w}$，存在 $\partial V^2_w/\partial\lambda_w < 0$，即相對誤差隨監管資本遞增而減小；如圖 4-2 箭頭所示，隨頻數參數遞增，操作風險增大，到狀態點 D 處有 $m = V^2_{\lambda_w}/V^2_{\xi_w}$，存在 $\partial V^2_w/\partial\lambda_w = 0$，即相對誤差不隨監管資本變動而變動；如圖 4-2 箭頭所示，λ_w 進一步遞增，操作風險增大，到達區域 H 有 $m > V^2_{\lambda_w}/V^2_{\xi_w}$，此時存在 $\partial V^2_w/\partial\lambda_w > 0$，即相對誤差隨監管資本遞增而增大。因此，隨監管資本遞增，相對誤差變動趨勢呈現出從下降到不變再到上升的變化過程，在高置信度 99.9%下，狀態點 D 成為操作風險尾部的重尾性風險性態的極值風險狀態點。

由命題 W4-1 和命題 W4-2 可知，當操作損失強度為 Weibull 分佈時，在高置信度 99.9%下，操作風險尾部的重尾性風險性態存在極值風險狀態點：$\ln[\lambda_w/(1-\alpha)] = 1$ 和 $m = V^2_{\lambda_w}/V^2_{\xi_w}$。當操作風險變動經歷這兩狀態點時，其尾部的重尾性風險性態將發生突變，相對誤差存在極值點，即操作風險監管遺漏風險存在極值。

根據命題 W4-1 和命題 W4-2，當形狀參數變動時，監管資本變動趨勢存在不確定性，當頻數參數變動時，相對誤差變動趨勢存在不確定性。由此可見，無論形狀參數還是頻數參數變動，相對誤差隨監管資本的變動趨勢都呈現出不確定性。進一步分析發現，相對誤差隨監管資本變動規律與頻數參數大小存在密切關係：在損失頻數較低（$0.001 < \lambda_w \leqslant 0.002,7$）時，相對誤差隨監管資本變動存在確定的趨勢，但是當損失頻數較高（$\lambda_w > 0.002,7$）時，相對誤差隨監管資本變動規律發生變化。

4.3.1.2 實例檢驗及結果分析

由於操作損失數據的機密性，目前沒有公開的操作損失專業數據庫可供研究，因此，本書以已有文獻實證擬合所得操作損失分佈的特徵參數值為依據，對上述模型進行檢驗。Dionne 和 Dahen（2008）以新巴塞爾協議規定的操作損失分類為標準，在以損失分佈法度量加拿大某銀行的六類操作損失［內部詐欺（IF），外部詐欺（EF），就業政策和工作場所安全性（EPWS），客戶、產品及業務操作（CPBP），實體資產損壞（DPA），執行、交割及流程管理（EDPM）］的操作風險價值的過程中，以 Weibull 分佈擬合了操作損失強度，以 Poisson 分佈擬合了操作損失頻數，得到操作損失分佈特徵參數值如表 4-1 所示。下面將在 $\alpha = 99.9\%$ 下，以 Dionne 和 Dahen（2008）實證擬合所得

Weibull 分佈的特徵參數值驗證上述理論模型。

首先，驗證命題 W4-1。根據 Dionne 和 Dahen（2008）實證擬合結果，根據命題 W4-1 可得表 4-1。

表 4-1　在 Weibull 分佈下，當形狀參數變動時相對誤差隨監管資本變動的規律

	λ_w	ξ_w	θ_w	$\ln\frac{\lambda_w}{1-\alpha}$	$\partial OpVaR/\partial\xi_w$	$\partial h^2_{\xi_w}/\partial\xi_w$	$\partial h^2_{\lambda_w}/\partial\xi_w$
IF	0.52	0.59	6,308.72	6.25	-740,650.20	-32.68	-379.90
DPA	0.34	0.52	8,316.94	5.82	-1,603,769.69	-44.14	-482.11
EPWS	0.62	0.57	17,214.52	6.42	-2,576,351.13	-37.37	-445.79
CPBP	3.24	1.30E-6	11,698.11	8.08	$-\infty$	-3.98E+18	-5.95E+19
EDPM	9.85	3.47E-7	17,505.54	9.20	$-\infty$	-2.36E+20	-4.05E+21
EF	141.26	0.82	1,078.48	11.86	-80,947.00	-22.18	-510.08

由表 4-1 可知：

（1）$\ln[\lambda_w/(1-\alpha)] > 0$，因此，根據前述式（3-4）的導出過程可知兩式成立。式（3-4）是命題 W4-1 和命題 W4-2 的理論基礎和邏輯起點，實例驗證式（3-4）成立，意味著該實例符合命題 W4-1 和命題 W4-2 的應用條件，命題具有實踐意義。

（2）監管資本變動趨勢。$\ln[\lambda_w/(1-\alpha)] > 1$，驗證 $\partial OpVaR/\partial\xi_w < 0$ 成立，符合命題 W4-1。因該實例操作損失頻數 $\lambda_w > 0.002,7$，則有 $\ln[\lambda_w/(1-\alpha)] > 1$ 成立。這意味著隨形狀參數遞增，監管資本遞減，反之亦然。因為損失類型 CPBP 和 EDPM 的形狀參數非常小，所以 $\partial OpVaR/\partial\xi_w$ 為 $-\infty$，這表明當形狀參數趨於 0 時，監管資本變動敏感度趨於無窮大。

（3）相對誤差變動趨勢。$\partial h^2_{\lambda_w}/\partial\xi_w \leq 0$，$\partial h^2_{\xi_w}/\partial\xi_w \leq 0$，即隨形狀參數遞增，$h^2_{\xi_w}$、$h^2_{\lambda_w}$ 遞減，則標準離差率遞減，相對誤差減小，反之亦然。且因損失類型 CPBP 和 EDPM 的形狀參數非常小，$|\partial h^2_{\xi_w}/\partial\xi_w|$ 和 $|\partial h^2_{\lambda_w}/\partial\xi_w|$ 非常大，表明形狀參數趨於 0 時，相對誤差敏感度趨於無窮大。

由此可見，命題 W4-1 和命題 W4-2 成立的假設前提（$\ln[\lambda_w/(1-\alpha)] > 0$）成立，而且隨形狀參數遞增，監管資本遞減，相對誤差減小，反之亦然。

其次，檢驗命題 W4-2。由命題 W4-2 和表 4-1 中損失分佈特徵參數值可得表 4-2，由式（4-14）可得 m。

表 4-2　在 Weibull 分佈下，當頻數參數變動時相對誤差隨監管資本變動的規律

	$\ln\frac{\mu_w}{1-\alpha}$	$\partial OpVaR/\partial\lambda_w$	$\partial h_{\xi_w}^2/\partial\lambda_w$	$\partial h_{\lambda_w}^2/\partial\lambda_w$	m
IF	6.25	74,027.90	3.266,4	−0.045,7	71.47
DPA	5.82	240,862.26	6.629,4	−0.111,0	59.71
EPWS	6.42	199,148.19	2.888,6	−0.037,6	76.79
CPBP	8.08	∞	9.44E+10	−6.91E+08	136.57
EDPM	9.20	∞	4.07E+11	−2.17E+09	187.61
EF	11.86	16.02	0.004,4	0.000,0	347.76

由表 4-2 可知：

（1）監管資本變動趨勢。$\partial OpVaR/\partial\lambda_w > 0$，即隨頻數參數遞增，監管資本遞增，反之亦然，驗證命題 W4-2 成立。損失類型 CPBP 和 EDPM 的監管資本敏感度 $\partial OpVaR/\partial\lambda_w$ 為無窮大，這主要是由於 $\partial OpVaR/\partial\lambda_w$ 與形狀參數、頻數參數、尺度參數有關，損失類型 CPBP 和 EDPM 的形狀參數非常小，所以 $\partial OpVaR/\partial\lambda_w$ 為無窮大。

（2）相對誤差變動趨勢。$\partial h_{\xi_w}^2/\partial\lambda_w > 0$，即隨頻數參數遞增，$h_{\xi_w}^2$ 遞增，反之亦然，這是由於 $\ln[\lambda_w/(1-\alpha)] > 1$，所以 $\partial h_{\xi_w}^2/\partial\lambda_w > 0$；$\partial h_{\lambda_w}^2/\partial\lambda_w < 0$，即隨頻數參數遞增，$h_{\lambda_w}^2$ 遞減，反之亦然。由此可見，隨頻數參數遞增，$h_{\xi_w}^2$ 遞增，$h_{\lambda_w}^2$ 遞減，相對誤差變動趨勢存在不確定性。

（3）操作風險尾部的重尾性風險性態的極值風險狀態點。不同損失類型 m 大小差異非常大，實際上，根據前述分析，操作風險尾部風險性態極值風險狀態點由 m、$V_{\xi_w}^2$ 以及 $V_{\lambda_w}^2$ 共同決定，因此，操作風險尾部的重尾性風險性態是否發生突變，與 m 的絕對大小關聯性不大，主要由 m 與 $V_{\lambda_w}^2/V_{\xi_w}^2$ 間的相對大小決定。在損失類型 IF、DPA、EPWS、CPBP、EDPM 以及 EF 中 m 都大於 0，因此，m 存在大於或等於或小於 $V_{\lambda_w}^2/V_{\xi_w}^2$ 的可能性，因此，在頻數參數影響下，隨監管資本遞增，在損失類型 IF、DPA、EPWS、CPBP、EDPM 以及 EF 中，相對誤差變動趨勢存在上升、不變或下降三種可能性。

由此可見，隨頻數參數遞增，監管資本遞增，但是相對誤差變動趨勢呈現出不確定性，操作風險尾部的重尾性風險性態存在極值風險狀態點 $m = V_{\lambda_w}^2 / V_{\xi_w}^2$。

上述實例分析驗證了命題 W4-1 和命題 W4-2。針對該實例，由於 $\ln[\lambda_w/(1-\alpha)] > 1$，即 $\lambda_w > 0.002,7$，因此，當形狀參數變動時，隨監管資本遞增，相對誤差增大；當頻數參數變動時，隨監管資本變動，相對誤差變動趨勢呈現出不確定性，操作風險尾部的重尾性風險性態的極值風險狀態點 $m = V_{\lambda_w}^2 / V_{\xi_w}^2 (\partial V_w^2 / \partial \lambda_w = 0)$。

4.3.2 Pareto 分佈下相對誤差變動特徵

4.3.2.1 理論模型

將式（3-6）代入定義 4-1，可得分佈特徵參數 θ_p、ξ_p、λ_p 的誤差傳播系數 h_{θ_p}、h_{ξ_p} 和 h_{λ_p} 分別為

$$h_{\theta_p} = 1 \tag{4-15}$$

$$h_{\xi_p} = \frac{\left(\frac{\lambda_p}{1-\alpha}\right)^{\xi_p}}{\left(\frac{\lambda_p}{1-\alpha}\right)^{\xi_p} - 1} \times ln\left(\frac{\lambda_p}{1-\alpha}\right)^{\xi_p} - 1 \tag{4-16}$$

$$h_{\lambda_p} = \frac{\xi_p\left(\frac{\lambda_p}{1-\alpha}\right)^{\xi_p}}{\left(\frac{\lambda_p}{1-\alpha}\right)^{\xi_p} - 1} \tag{4-17}$$

由式（4-15）~式（4-17）可知，h_{θ_p} 為常數 1，h_{ξ_p} 和 h_{λ_p} 僅與 ξ_p、λ_p 有關。因此，在前述假定下，在置信度 α 一定的情況下，監管資本相對誤差 V 變動僅與分佈特徵參數 ξ_p、λ_p 有關。由於在前述條件下，存在 $h_{\xi_p} > 0$ 且 $h_{\lambda_p} > 0$，因此，h_{ξ_p}、h_{λ_p} 相對於分佈特徵參數 ξ_p、λ_p 變動的靈敏度，表徵了相對誤差的靈敏度。

由以上兩方面分析可知，在置信度 α 一定的條件下，監管資本與其相對誤差的公共影響因子為 ξ_p 和 λ_p。分析 OpVaR $(\alpha)_P$、h_{ξ_p}、h_{λ_p} 相對於 ξ_p、λ_p 變動靈敏度，可得命題 P4-1 和命題 P4-2。

由式（3-6）和式（4-16）~式（4-17）知，當 ξ_p 變動時，OpVaR $(\alpha)_P$、h_{ξ_p}、h_{λ_p} 將同時變動，有如下命題。

命題 P4-1　在前述假定下，存在 $\partial \mathrm{OpVaR}/\partial \xi_p > 0$，$\partial h_{\xi_p}/\partial \xi_p > 0$，$\partial h_{\lambda_p}/\partial \xi_p > 0$。

證明　由式（3-6）可得 OpVaR(α) 相對於 ξ_p 的敏感度為

$$\frac{\partial \mathrm{OpVaR}}{\partial \xi_p} = \frac{\theta_p}{\xi_p^2}\left[\left(\frac{\lambda_p}{1-\alpha}\right)^{\xi_p} ln\left(\frac{\lambda_p}{1-\alpha}\right)^{\xi_p} - \left(\frac{\lambda_p}{1-\alpha}\right)^{\xi_p} + 1\right] \qquad (4\text{-}18)$$

令 $t = [\lambda_p/(1-\alpha)]^{\xi_p}$，式（4-18）可記為 $\partial \mathrm{OpVaR}/\partial \xi_p = \theta_p \xi_p^{-2}[t\ln t - t + 1]$；記 $f(t) = t\ln t - t + 1$，有 $f'(t) = \ln t$；因 $t > 1$，則 $f'(t) > 0$，即 $f(t)$ 單調遞增，因 $t > 1$，則 $f(t) > 0$，則有 $\partial \mathrm{OpVaR}/\partial \xi_p = \theta_p \xi_p^{-2}[t\ln t - t + 1] > 0$。由式（4-16）可得 h_{ξ_p} 對於 ξ_p 的敏感度為

$$\frac{\partial h_{\xi_p}}{\partial \xi_p} = \frac{\left(\frac{\lambda_p}{1-\alpha}\right)^{\xi_p} \ln \frac{\lambda_p}{1-\alpha}}{\left[\left(\frac{\lambda_p}{1-\alpha}\right)^{\xi_p} - 1\right]^2}\left[\left(\frac{\lambda_p}{1-\alpha}\right)^{\xi_p} - \ln\left(\frac{\lambda_p}{1-\alpha}\right)^{\xi_p} - 1\right] \qquad (4\text{-}19)$$

由式（4-19）有，$\frac{\partial h_{\xi_p}}{\partial \xi_p} = \frac{t(t - \ln t - 1)}{(t-1)^2}\ln \frac{\lambda_p}{1-\alpha}$，記 $g(t) = t - \ln t - 1$。因 $t > 1$，由 $g'(t) = 1 - \frac{1}{t} > 0$ 知，$g(t)$ 單調遞增，因 $t > 1$，則 $g(t) > g(1) = 0$，又因 $\ln \frac{\lambda_p}{1-\alpha} > 0$，則有 $\frac{\partial h_{\xi_P}}{\partial \xi_P} = \frac{t(t - \ln t - 1)}{(t-1)^2}\ln \frac{\lambda_P}{1-\alpha} > 0$。由式（4-17）可得 h_{λ_p} 相對於 ξ_p 的敏感度為

$$\frac{\partial h_{\lambda_p}}{\partial \xi_p} = \frac{\left(\frac{\lambda_p}{1-\alpha}\right)^{\xi_p}}{\left[\left(\frac{\lambda_p}{1-\alpha}\right)^{\xi_p} - 1\right]^2}\left[\left(\frac{\lambda_p}{1-\alpha}\right)^{\xi_p} - \ln\left(\frac{\lambda_p}{1-\alpha}\right)^{\xi_p} - 1\right] \qquad (4\text{-}20)$$

根據前述分析，$t > 1$，$t - \ln t - 1 > 0$，則由式（4-20）有 $\partial h_{\lambda_p}/\partial \xi_p > 0$。

由命題 P4-1 可知，在形狀參數影響下，隨監管資本遞增，標準離差率 V^2 遞增，相對誤差增大，反之亦然。由此可見，當操作損失強度為重尾分佈 Pareto 分佈時，儘管是在由操作損失強度分佈和損失頻數分佈複合而成的複合分佈下度量操作風險監管資本，但是，形狀參數對監管資本及其相對誤差的影響規律，仍然與在單一 Pareto 分佈下的影響規律相同。

由於在由操作損失強度分佈和損失頻數分佈複合而成的複合分佈下來度量操作風險時，監管資本及其相對誤差還受到損失頻數分佈影響，因此，進一步分析在損失頻數參數影響下，相對誤差隨監管資本變動的規律。

由式（3-6）和式（4-16）~式（4-17）知，當 λ_p 變動時，OpVaR $(\alpha)_p$、h_{ξ_p}、h_{λ_p} 將同時變動，有如下命題。

命題 P4-2 在前述假定下，存在：① $\partial \mathrm{OpVaR}/\partial\lambda_p > 0$；② $\partial h_{\xi_p}/\partial\lambda_p > 0$，$\partial h_{\lambda_p}/\partial\lambda_p < 0$。

證明 首先證明①。由式（3-6）可得 OpVaR(α) 相對於 λ_p 的敏感度為

$$\frac{\partial \mathrm{OpVaR}}{\partial\lambda_p} = \frac{\theta_p}{\lambda_p}\left(\frac{\lambda_p}{1-\alpha}\right)^{\xi_p} \tag{4-21}$$

因 $\xi_p > 0$，$\theta_p > 0$，$\lambda_p \geqslant 0$ 且 $\left(\frac{\lambda_p}{1-\alpha}\right)^{\xi_p} > 1$，則由式（4-21）可知，$\partial \mathrm{OpVaR}/\partial\lambda_p > 0$。

其次，對於②。由式（4-16）可得 h_{ξ_p} 對於 λ_p 的敏感度為

$$\frac{\partial h_{\xi_p}}{\partial\lambda_p} = \frac{\xi_p\left(\frac{\lambda_p}{1-\alpha}\right)^{\xi_p}}{\lambda_p\left[\left(\frac{\lambda_p}{1-\alpha}\right)^{\xi_p} - 1\right]^2}\left[\left(\frac{\lambda_p}{1-\alpha}\right)^{\xi_p} - \ln\left(\frac{\lambda_p}{1-\alpha}\right)^{\xi_p} - 1\right] \tag{4-22}$$

由前述分析知，$\left(\frac{\lambda_p}{1-\alpha}\right)^{\xi_p} - \ln\left(\frac{\lambda_p}{1-\alpha}\right)^{\xi_p} - 1 > 0$，又因 $\xi_p > 0$，$\lambda_p \geqslant 0$ 且 $\left(\frac{\lambda_p}{1-\alpha}\right)^{\xi_p} > 1$，則由式（4-22）可知 $\partial h_{\xi_p}/\partial\lambda_p > 0$。由式（4-17）可得 h_{λ_p} 對於 λ_p 的敏感度為

$$\frac{\partial h_{\lambda_p}}{\partial \lambda_p} = -\frac{\xi_p^2\left(\frac{\lambda_p}{1-\alpha}\right)^{\xi_p}}{\lambda_p\left[\left(\frac{\lambda_p}{1-\alpha}\right)^{\xi_p}-1\right]^2} \tag{4-23}$$

由前述分析知 $\left(\frac{\lambda_p}{1-\alpha}\right)^{\xi_p} > 1$，則由式（4-23）有 $\partial h_{\lambda_p}/\partial\lambda_p < 0$。

由命題 P4-2 可知，$\partial OpVaR/\partial\lambda_p > 0$ 表明隨頻數參數遞增，監管資本遞增，反之亦然。但是，在頻數參數影響下，隨監管資本遞增，相對誤差變動趨勢有兩種可能性。由命題 P4-2 可知，首先，監管資本變動趨勢：$\partial OpVaR/\partial\lambda_p > 0$ 表明隨頻數參數遞增，監管資本遞增，反之亦然。其次，相對誤差變動趨勢：$\partial h_{\xi_p}/\partial\lambda_p > 0$，$\partial h_{\lambda_p}/\partial\lambda_p < 0$，表明當頻數參數變動時，$h_{\xi_p}$ 和 h_{λ_p} 變動方向相反，因此，由式（4-2）知，當頻數參數遞增時，在 h_{ξ_p}、h_{λ_p} 以及 V_{ξ_p}、V_{λ_p} 共同作用下，相對誤差隨監管資本的變動趨勢可能上升、不變或下降，為此，以下進一步對其相對誤差的變動過程進行分析。在頻數參數影響下，相對誤差 V^2 的變動趨勢，由式（4-2）可得

$$\frac{\partial V_p^2}{\partial \lambda_p} = V_{\xi_p}^2\frac{\partial h_{\xi_p}^2}{\partial \lambda_p} + V_{\lambda_p}^2\frac{\partial h_{\lambda_p}^2}{\partial \lambda_p} \tag{4-24}$$

進一步地，令 $\partial V_p^2/\partial\lambda_p = 0$，並將式（4-16）~式（4-17）代入式（4-24），可得

$$\frac{\left[\left(\frac{\lambda_p}{1-\alpha}\right)^{\xi_p} - \ln\left(\frac{\lambda_p}{1-\alpha}\right)^{\xi_p} - 1\right]\left[\left(\frac{\lambda_p}{1-\alpha}\right)^{\xi_p}\ln\left(\frac{\lambda_p}{1-\alpha}\right)^{\xi_p} - \left(\frac{\lambda_p}{1-\alpha}\right)^{\xi_p} + 1\right]}{\left(\frac{\lambda_p}{1-\alpha}\right)^{\xi_p}} = \frac{V_{\lambda_p}^2}{V_{\xi_p}^2} \tag{4-25}$$

令 $t=[\lambda_p/(1-\alpha)]^{\xi_p}$，則式（4-25）可記為 $(t-\ln t-1)(t\ln t-t+1)t^{-1} = V_{\lambda_p}^2/V_{\xi_p}^2$，進一步地，令 $y=(t-\ln t-1)(t\ln t-t+1)t^{-1}$，則 $\partial y/\partial t > 0$，以 y 為縱軸，t 為橫軸，則有圖 4-3 所示曲線 L_2。

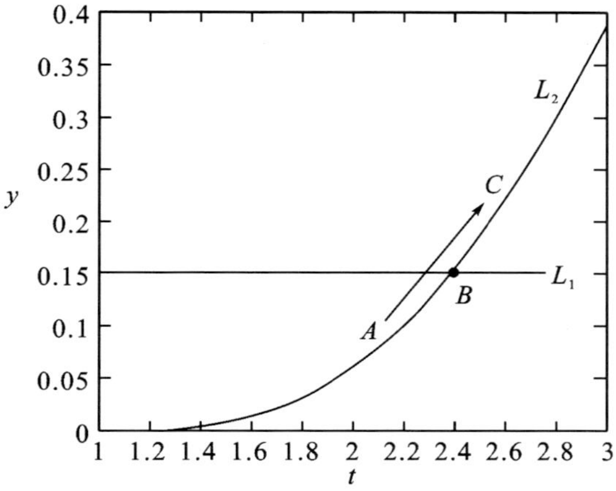

圖 4-3　在頻數參數 λ_p 影響下相對誤差變動趨勢

由前述分析知，V_{ξ_p} 和 V_{λ_p} 為常數，設 $V_{\lambda_p}^2/V_{\xi_p}^2$ 為任意常數值，得當 $y = V_{\lambda_p}^2/V_{\xi_p}^2$ 時直線 L_1 如圖 4-3 所示。直線 L_1 與曲線 L_2 相交於點 $B(y = V_{\lambda_p}^2/V_{\xi_p}^2)$。在曲線 L_2 上，點 B 以上部分為稱為區域 $C(y > V_{\lambda_p}^2/V_{\xi_p}^2)$，點 B 以下部分為稱為區域 $A(y < V_{\lambda_p}^2/V_{\xi_p}^2)$。

由式（3-6）知 $\partial \mathrm{OpVaR}/\partial t > 0$，又因 $\partial y/\partial t > 0$，則隨 t 遞增，監管資本和 y 同時單調遞增，進一步分析可知，隨監管資本遞增，y 遞增。因此，如圖 4-3 所示，相對誤差隨監管資本變動趨勢存在以下三種可能性：①若操作風險初始狀態位於區域 A，存在 $y < V_{\lambda_p}^2/V_{\xi_p}^2$ 且 $\partial V_p^2/\partial \lambda_p < 0$，隨監管資本遞增，相對誤差增大；②若操作風險初始狀態位於狀態點 B，存在 $y = V_{\lambda_p}^2/V_{\xi_p}^2$ 且 $\partial V_p^2/\partial \lambda_p = 0$，隨監管資本變動，相對誤差不變；③若操作風險初始狀態位於區域 C，存在 $y > V_{\lambda_p}^2/V_{\xi_p}^2$ 且 $\partial V_p^2/\partial \lambda_p > 0$，隨監管資本遞增，相對誤差減小。

由此可見，隨 t 遞增，操作風險增大，監管資本增大，操作風險狀態從區域 A（存在 $y < V_{\lambda_p}^2/V_{\xi_p}^2$ 且 $\partial V_p^2/\partial \lambda_p < 0$）到狀態點 B（存在 $y = V_{\lambda_p}^2/V_{\xi_p}^2$ 且 $\partial V_p^2/\partial \lambda_p = 0$），再到區域 C（存在 $y > V_{\lambda_p}^2/V_{\xi_p}^2$ 且 $\partial V_p^2/\partial \lambda_p > 0$），相對誤差將經歷從上升到不變再到下降的變動過程，反之亦然。因此，在高置信度 99.9%下，狀態點 B 成為操作風險尾部的重尾性風險性態的極值風險狀態點。

由命題 P4-2 可知，當操作損失強度為 Pareto 分佈時，在高置信度 99.9%下，操作風險尾部的重尾性風險性態存在極值風險狀態點：$y = V_{\lambda_p}^2/V_{\xi_p}^2$。當操作風險變動經歷該狀態點時，其尾部的重尾性風險性態將發生突變。

4.3.2.2 實例檢驗及結果分析

Moscadelli（2004）以巴塞爾委員會收集的操作損失數據（Loss Data Collection Exercise）為樣本，分別對業務線 BL1~BL8 進行實證研究。以 Pareto 分佈擬合操作損失強度樣本，並估計出 Pareto 分佈的特徵參數如表 4-3 所示。以負二項分佈擬合操作損失頻數樣本，並估計分佈特徵參數，由此可得損失頻數均值如表 4-3 所示頻數參數 λ_p。本書將以該文獻實證數據驗證上述理論命題 P4-1 和命題 P4-2。

表 4-3　在 Pareto 分佈下，當形狀參數變動時相對誤差隨監管資本變動的規律

業務線	λ_p	θ_p	ξ_p	$\left(\frac{\lambda_p}{1-\alpha}\right)^{\xi}$	$\frac{\partial \mathrm{OpVaR}}{\partial \xi_p}$	$\partial h_{\xi_p}/\partial \xi_p$	$\partial h_{\lambda_p}/\partial \xi_p$
BL1	1.80	774	1.19	7,477.81	32,369,582.95	7.489,0	0.999,1
BL2	7.40	254	1.17	33,651.24	58,842,454.26	8.907,1	0.999,8
BL3	13.00	233	1.01	14,291.66	27,967,275.22	9.467,1	0.999,4
BL4	4.70	412	1.39	127,120.63	291,480,313.88	8.454,8	0.999,9
BL5	3.92	107	1.23	26,312.43	17,079,485.54	8.271,6	0.999,7
BL6	4.29	243	1.22	26,981.64	40,539,832.13	8.361,8	0.999,7
BL7	2.60	314	0.85	799.33	1,974,930.11	7.795,6	0.991,4
BL8	8.00	124	0.98	6,683.87	6,737,758.11	8.976,5	0.998,8

根據 BASEL Ⅱ 定量標準規定，「銀行必須表明所採用的方法考慮到了潛在較嚴重的概率分佈『尾部』損失事件。無論採用哪種方法，銀行必須表明，操作風險計量方式符合與信用風險 IRB 法相當的穩健標準（例如，相當於 IRB 法，持有期 1 年，99.9%置信區間）。」因此，在以下實例分析中，設 α = 99.9%。下面分別對命題 P4-1 和命題 P4-2 進行驗證。由命題 P4-1 得表 4-3。

由表 4-3 可知：

（1）$[\lambda_p/(1-\alpha)]^{\xi_p}$ 遠大於 1，因此，式（3-6）有意義，本實例屬於商業銀行操作風險的一般狀態。式（3-6）是命題 P4-1 和命題 P4-2 的理論基礎和邏輯起點，實例驗證式（3-6）成立，意味著該實例符合命題 P4-1 和命題

P4-2 的應用條件，命題具有實踐意義。

（2）監管資本變動趨勢。$\partial OpVaR/\partial \xi_p$ 大於 0，表明隨形狀參數遞增，監管資本遞增，反之亦然。

（3）相對誤差變動趨勢。$\partial h_{\xi_p}/\partial \xi_p$、$\partial h_{\lambda_p}/\partial \xi_p$ 都大於 0，表明隨形狀參數遞增，h_{ξ_p} 和 h_{λ_p} 都遞增，標準離差率增大，相對誤差增大，反之亦然。

由此可見，命題 P4-1 有效，在形狀參數影響下，隨監管資本遞增，相對誤差增大。

由表 4-3 中參數 θ_p、ξ_p、λ_p 的數值以及命題 P4-2 可得表 4-4，由式（4-25）可得 y。

表 4-4　在 Pareto 分佈下，當頻數參數變動時相對誤差隨監管資本變動的規律

業務線	$\partial OpVaR/\partial \lambda_p$	$\partial h_{\xi_p}/\partial \lambda_p$	$\partial h_{\lambda_p}/\partial \lambda_p$	y
BL1	3, 215, 457. 23	0. 660, 5	-0. 000, 1	59, 144. 39
BL2	1, 155, 056. 18	0. 158, 1	0. 000, 0	317, 016. 11
BL3	256, 150. 59	0. 077, 6	0. 000, 0	122, 353. 32
BL4	11, 143, 339. 97	0. 295, 7	0. 000, 0	1, 366, 778. 20
BL5	717, 658. 69	0. 313, 7	0. 000, 0	241, 388. 57
BL6	1, 529, 858. 91	0. 284, 3	0. 000, 0	248, 207. 54
BL7	96, 534. 74	0. 324, 1	-0. 000, 3	4, 500. 54
BL8	103, 600. 03	0. 122, 4	0. 000, 0	52, 108. 45

由表 4-4 可知：

（1）監管資本變動趨勢。$\partial OpVaR/\partial \lambda_p > 0$，表明隨頻數參數遞增，監管資本遞增，反之亦然。

（2）相對誤差變動趨勢。$\partial h_{\xi_p}/\partial \lambda_p > 0$、$\partial h_{\lambda_p}/\partial \lambda_p \leqslant 0$，表明隨頻數參數變動，$h_{\xi_p}$ 與 h_{λ_p} 變動方向相反，根據前述命題 P4-2 分析過程可知，隨頻數參數變動，相對誤差變動趨勢呈現出不確定性。

（3）操作風險尾部的重尾性風險性態的極值風險狀態點。不同損失類型 y 大小差異非常大，實際上，根據前述分析，操作風險尾部風險性態極值風險狀態點由 y、$V_{\xi_p}^2$ 以及 $V_{\lambda_p}^2$ 共同決定，因此，操作風險尾部的重尾性風險性態是否發生突變，與 y 的絕對大小關聯性不大，主要由 y 與 $V_{\lambda_p}^2/V_{\xi_p}^2$ 間的相對大小決定。y 都大於 0，因此，y 存在大於或等於或小於 $V_{\lambda_p}^2/V_{\xi_p}^2$ 的可能性，因此，在頻數參數影響下，隨監管資本遞增，相對誤差變動趨勢存在上升、不變或下降三種可能性。

上述實例分析驗證了命題 P4-1 和命題 P4-2 的有效性。針對該實例，由於 $[\lambda_p/(1-\alpha)]^{\xi_p} > 1$，所以命題 P4-1 和命題 P4-2 具有實踐意義。在形狀參數影響下，隨監管資本遞增，相對誤差增大，反之亦然。在頻數參數影響下，相對誤差變動趨勢呈現出不確定性，操作風險尾部的重尾性風險性態的極值風險狀態點 $y = V_{\lambda_p}^2/V_{\xi_p}^2$。

4.3.3 重尾性極值模型下相對誤差 V_1 變動特徵比較

理論研究表明 Weibull 分佈和 Pareto 分佈都屬於極值模型且具有重尾性，但是，它們分別屬於不同的極值類型：Pareto 分佈屬於廣義 Pareto 分佈，Weibull 分佈屬於廣義極值分佈。為此，比較分析當操作損失強度為 Weibull 分佈和 Pareto 分佈時，相對誤差 V_1 變動趨勢特徵聯繫如下。

在兩重尾性極值分佈下操作風險監管資本相對誤差 V_1 變動趨勢特徵相同之處主要有以下兩點。

一是尺度參數的誤差傳遞系數都為常數 1。如式（4-4）和式（4-15）所示，$h_{\theta_w} = 1$，$h_{\theta_p} = 1$。這表明在重尾性極值模型 Weibull 分佈和 Pareto 分佈下，尺度參數的誤差傳遞系數都不會發生變化。

二是在頻數參數影響下，隨著監管資本變動，相對誤差隨監管資本變動趨勢都存在不確定性，存在著極值風險狀態點。當操作損失強度為 Weibull 分佈時，在高置信度 99.9%下，操作風險尾部的重尾性風險性態存在極值風險狀態點：$\ln[\lambda_w/(1-\alpha)] = 1$ 和 $m = V_{\lambda_w}^2/V_{\xi_w}^2$。當操作風險變動經歷這兩狀態點時，其尾部的重尾性風險性態將發生突變；當操作損失強度為 Pareto 分佈時，操作風險尾部的重尾性風險性態存在極值風險狀態點：$y = V_{\lambda_p}^2/V_{\xi_p}^2$。當操作風險變動經歷該狀態點時，其尾部的重尾性風險性態將發生突變。

在兩重尾性極值分佈下操作風險監管資本相對誤差 V_1 變動趨勢特徵相異之處主要有以下兩點。

（1）在形狀參數影響下，度量誤差變動趨勢特徵存在差異。當操作損失強度為 Weibull 分佈時，在形狀參數影響下，操作風險尾部的重尾性風險性態存在突變狀態點 $\ln[\lambda_w/(1-\alpha)]=1$。但是，當操作損失強度為 Pareto 分佈時，在形狀參數影響下，重尾性風險性態不存在突變狀態點。

（2）當操作損失強度為 Weibull 分佈時，相對誤差隨監管資本變動趨勢更加敏感。由前述分析可知，當操作損失強度為 Weibull 分佈時，不僅在形狀參數影響下而且在頻數參數影響下，度量誤差變動趨勢都存在極值風險狀態點，即相對誤差隨監管資本變動趨勢更加敏感，這表明操作風險尾部的重尾性風險性態變動很敏感。但是，當操作損失強度為 Pareto 分佈時，度量誤差變動趨勢僅僅存在一類突變狀態點。

4.4 相對誤差 V_2 隨監管資本變動特徵

以下將假設操作損失強度為 Weibull 分佈或 Pareto 分佈，在相對誤差度量模型為式（4-3）情況下，分別討論相對誤差 V_2 變動的特徵規律，進而獲知操作風險尾部風險狀態的特徵。

4.4.1 Weibull 分佈下相對誤差變動特徵

4.4.1.1 理論模型

將式（3-4）代入定義4-2，可得分佈特徵參數的誤差傳播系數 b_{θ_w}、b_{ξ_w} 和 b_{λ_w} 分別為

$$b_{\theta_w}=\frac{1}{\theta_w} \tag{4-26}$$

$$b_{\xi_w}=-\frac{1}{\xi_w^2}ln\left(\ln\frac{\lambda_w}{1-\alpha}\right) \tag{4-27}$$

$$b_{\lambda_w}=\left(\xi_w\lambda_w\ln\frac{\lambda_w}{1-\alpha}\right)^{-1} \tag{4-28}$$

為分析監管資本與其相對誤差 V_2 變動的規律，須首先確定其靈敏度的表

徵方法。根據管理理論給出的靈敏度定義，監管資本與其相對誤差 V_2 變動的靈敏度為：分佈特徵參數變動的絕對大小（$\Delta\theta$、$\Delta\xi$、$\Delta\lambda$）引起 $\mathrm{OpVaR}(\alpha)$、b_{θ_w}、b_{ξ_w} 和 b_{λ_w} 變動的絕對大小 [$\Delta\mathrm{OpVaR}(\alpha)$、$\Delta b_{\theta_w}$、$\Delta b_{\xi_w}$、$\Delta b_{\lambda_w}$]。實證研究表明分佈特徵參數大小及變化範圍差異很大（Dionne 和 Dahen，2008；Carrillo-Menéndez 和 Suárez，2012；Fengge 等，2012），這種傳統靈敏度計算方法不能充分反應分佈特徵參數影響 $\mathrm{OpVaR}(\alpha)$、b_{θ_w}、b_{ξ_w} 和 b_{λ_w} 的靈敏度。只有通過分析分佈特徵參數的變動程度（$\Delta\theta/\theta$、$\Delta\xi/\xi$、$\Delta\lambda/\lambda$）引起 $\mathrm{OpVaR}(\alpha)$、b_{θ_w}、b_{ξ_w} 和 b_{λ_w} 變動的程度（$\Delta\mathrm{OpVaR}(\alpha)/\mathrm{OpVaR}(\alpha)$、$\Delta b_\theta/b_\theta$、$\Delta b_\xi/b_\xi$、$\Delta b_\lambda/b_\lambda$），來刻畫出 $\mathrm{OpVaR}(\alpha)$、b_{θ_w}、b_{ξ_w} 和 b_{λ_w} 相對於分佈特徵參數變動的靈敏度，即經濟學彈性理論，才能充分反應分佈特徵參數變動程度引起監管資本與其相對誤差 V_2 變動的程度。

進一步地，由式（4-3）可知，本質上是 $|b_{\theta_w}|$、$|b_{\xi_w}|$ 和 $|b_{\lambda_w}|$ 的變動影響了相對誤差 V_2 變動的靈敏度。由式（4-27）可證明當 $\ln[\mu/(1-\alpha)] > 1$ 時，$b_{\xi_w} < 0$，即 b_{ξ_w} 可能小於零，因此，須改進後一種方法，即以 $b^2_{\theta_w}$、$b^2_{\xi_w}$ 和 $b^2_{\lambda_w}$ 相對於 ξ_w、θ_w、λ_w 的靈敏度，來表徵相對誤差 V_2 相對於分佈特徵參數的靈敏度。基於此，給出 $\mathrm{OpVaR}(\alpha)$、$b^2_{\theta_w}$、$b^2_{\xi_w}$ 和 $b^2_{\lambda_w}$ 的分佈特徵參數彈性定義如下。

定義 4-3 i[i 分別表示 $\mathrm{OpVaR}(\alpha)$、$b^2_{\theta_w}$、$b^2_{\xi_w}$ 和 $b^2_{\lambda_w}$] 的分佈特徵參數 ξ_w、θ_w、λ_w 彈性為

$$E^i_\xi = {}_{\Delta\xi\to 0}\lim_{\Delta\xi\to 0}\frac{\Delta i/i}{\Delta\xi/\xi},\quad E^i_\theta = \lim_{\Delta\theta\to 0}\frac{\Delta i/i}{\Delta\theta/\theta},\quad E^i_\lambda = \lim_{\Delta\lambda\to 0}\frac{\Delta i/i}{\Delta\lambda/\lambda}$$

將式（3-4）和式（4-26）~式（4-28）代入定義 4-3，可得 $\mathrm{OpVaR}(\alpha)$、$b^2_{\theta_w}$、$b^2_{\xi_w}$ 和 $b^2_{\lambda_w}$ 相對於 ξ_w、θ_w、λ_w 變動的靈敏度，進而有命題 W4-3 和命題 W4-5。

命題 W4-3 在前述假定下，存在：① $E^{\mathrm{OpVaR}}_{\theta_w} = 1$；② $E^{b^2_{\theta_w}}_{\theta_w} = -2$，$E^{b^2_{\xi_w}}_{\theta_w} = 0$，$E^{b^2_{\lambda_w}}_{\theta_w} = 0$。

證明 對於①，由式（3-4）可得 $E^{\mathrm{OpVaR}}_{\theta_w} = 1$。

對於②，由式（4-26）得 $E^{b^2_{\theta_w}}_{\theta_w} = -2$。由式（4-27）可得 $E^{b^2_{\xi_w}}_{\theta_w} = 0$，由式（4-28）可得 $E^{b^2_{\lambda_w}}_{\theta_w} = 0$。

由式（4-3）知，相對誤差 V_2 變動趨勢由 $b^2_{\theta_w}$、$b^2_{\xi_w}$、$b^2_{\lambda_w}$ 變動趨勢共同決定，

則由命題 W4-3 存在 $E_{\theta_w}^{V_2} < 0$。因 $E_{\theta_w}^{\mathrm{OpVaR}} > 0$，因此，在尺度參數影響下，隨著監管資本遞增，相對誤差 V_2 遞減，反之亦然。

命題 W4-4 在前述假定下，存在：①當 $0 < \ln[\lambda_w/(1-\alpha)] < 1$ 時，$E_{\xi_w}^{\mathrm{OpVaR}} > 0$，當 $\ln[\lambda_w/(1-\alpha)] = 1$ 時，$E_{\xi_w}^{\mathrm{OpVaR}} = 0$，當 $\ln[\lambda_w/(1-\alpha)] > 1$ 時，$E_{\xi_w}^{\mathrm{OpVaR}} < 0$；② $E_{\xi_w}^{b_{\theta_w}^2} = 0$，$E_{\xi_w}^{b_{\xi_w}^2} = -4$，$E_{\xi_w}^{b_{\lambda_w}^2} = -2$。

證明 對於①，由式（3-4）可得

$$E_{\xi_w}^{\mathrm{OpVaR}} = -\frac{1}{\xi_w} ln\left(\ln\frac{\lambda_w}{1-\alpha}\right) \tag{4-29}$$

由式（4-29）可知，因為 $\ln[\lambda_w/(1-\alpha)] > 0$ 且 $\xi_w > 0$，所以當 $0 < \ln[\lambda_w/(1-\alpha)] < 1$ 時，則 $\ln\left(\ln\frac{\lambda_w}{1-\alpha}\right) < 0$，那麼 $E_{\xi_w}^{\mathrm{OpVaR}} > 0$；當 $\ln[\lambda_w/(1-\alpha)] = 1$ 時，則 $E_{\xi_w}^{\mathrm{OpVaR}} = 0$；當 $\ln[\lambda_w/(1-\alpha)] > 1$ 時，則 $E_{\xi_w}^{\mathrm{OpVaR}} < 0$。

對於②，由式（4-26）得 $E_{\xi_w}^{b_{\theta_w}^2} = 0$。由式（4-27）得 $E_{\xi_w}^{b_{\xi_w}^2} = -4$，由式（4-28）得 $E_{\xi_w}^{b_{\lambda_w}^2} = -2$。

根據命題 W4-4②可知：隨形狀參數遞增，$b_{\theta_w}^2$ 不變，$b_{\xi_w}^2$、$b_{\lambda_w}^2$ 遞減，因此存在 $E_{\theta_w}^{V_2} < 0$，即隨形狀參數遞增，相對誤差 V_2 減小，反之亦然。但是，由命題 W4-4①可知，監管資本變動趨勢存在三種可能性，因此，相對誤差 V_2 隨監管資本變動趨勢有以下可能性。

（1）在區域Ⅰ $0 < \ln[\lambda_w/(1-\alpha)] < 1$，隨監管資本遞增，相對誤差 V_2 減小，反之亦然。由命題 W4-4①可知，存在 $E_{\xi_w}^{\mathrm{OpVaR}} > 0$。因為 $E_{\xi_w}^{V_2} < 0$，所以隨形狀參數遞增，監管資本遞增，相對誤差 V_2 遞減，反之亦然。

（2）在狀態點 A$\ln[\lambda_w/(1-\alpha)] = 1$，無論相對誤差 V_2 如何變動，監管資本都不變。由命題 W4-4①可知，$E_{\xi_w}^{\mathrm{OpVaR}} = 0$。因為 $E_{\xi_w}^{V_2} < 0$，所以隨形狀參數遞減，監管資本不變，相對誤差 V_2 遞增，反之亦然。

（3）在區域Ⅱ $\ln[\lambda_w/(1-\alpha)] > 1$，隨監管資本遞增，相對誤差增大，反之亦然。由命題 W4-4①可知，$E_{\xi_w}^{\mathrm{OpVaR}} < 0$。因為 $E_{\xi_w}^{V_2} < 0$，所以隨形狀參數遞減，監管資本遞增，相對誤差 V_2 遞增，反之亦然。

由以上分析可知，在形狀參數影響下，監管資本遞增，相對誤差 V_2 變動趨勢存在不確定性，存在極值風險狀態點 $\ln[\lambda_w/(1-\alpha)] = 1$。在該極值風險

狀態下，隨著形狀參數遞減，即使監管資本不變，相對誤差 V_2 也會遞增，其變動趨勢完全獨立於監管資本變動，這意味著在監管資本不變的情況下，相對誤差可能會變得任意大（以致於無窮大）。顯然，如果僅以點估計值來要求監管資本，必然會出現監管資本與操作風險暴露程度不匹配的問題。

命題 W4-5　在前述假定下，存在：① $E_{\lambda_w}^{\mathrm{OpVaR}} > 0$。②當 $0 < \ln[\lambda_w/(1-\alpha)] < 1$ 時，$E_{\lambda_w}^{b_{\xi_w}^2} < 0$，當 $\ln[\lambda_w/(1-\alpha)] \to 1$ 時，$E_{\lambda_w}^{b_{\xi_w}^2} \to +\infty$，當 $\ln[\lambda_w/(1-\alpha)] > 1$ 時，$E_{\lambda_w}^{b_{\xi_w}^2} > 0$；$E_{\lambda_w}^{b_{\lambda_w}^2} < 0$；$E_{\lambda_w}^{b_{\theta_w}^2} = 0$。當 $\left| -\left(\ln \frac{\lambda_w}{1-\alpha} + 1\right) ln\left(\ln \frac{\lambda_w}{1-\alpha}\right) \right| \geqslant 1$ 時，$|E_{\lambda_w}^{b_{\lambda_w}^2}| \geqslant |E_{\lambda_w}^{b_{\xi_w}^2}|$，反之，$|E_{\lambda_w}^{b_{\lambda_w}^2}| < |E_{\lambda_w}^{b_{\xi_w}^2}|$。

證明　對於①，由式（3-4）可得

$$E_{\lambda_w}^{\mathrm{OpVaR}} = \left(\xi_w \ln \frac{\lambda_w}{1-\alpha}\right)^{-1} \tag{4-30}$$

因為 $\ln \frac{\lambda_w}{1-\alpha} > 0$ 且 $\xi_w > 0$，則由式（4-30）有 $E_{\lambda_w}^{\mathrm{OpVaR}} = (\xi_w \ln \frac{\lambda_w}{1-\alpha})^{-1} > 0$。

對於②，由式（4-26）可得 $E_{\lambda_w}^{b_{\theta_w}^2} = 0$。由式（4-27）可得

$$E_{\lambda_w}^{b_{\xi_w}^2} = 2\left[\ln \frac{\lambda_w}{1-\alpha} ln\left(\ln \frac{\lambda_w}{1-\alpha}\right)\right]^{-1} \tag{4-31}$$

因 $\ln \frac{\lambda_w}{1-\alpha} > 0$，則由式（4-31）有當 $0 < \ln[\lambda_w/(1-\alpha)] < 1$ 時，$\ln\left(\ln \frac{\lambda_w}{1-\alpha}\right) < 0$，則 $E_{\lambda_w}^{b_{\xi_w}^2} < 0$，當 $\ln[\lambda_w/(1-\alpha)] > 1$ 時，$E_{\lambda_w}^{b_{\xi_w}^2} > 0$。當 $\ln[\lambda_w/(1-\alpha)] = 1$ 時，若令 $\ln[\lambda_w/(1-\alpha)] = t$，則由式（4-31）有

$$\lim_{t\to 1} E_{\lambda_w}^{b_{\xi_w}^2} = \lim_{t\to 1} 2[t \ln t]^{-1} = +\infty$$

即存在當 $\ln[\lambda_w/(1-\alpha)] \to 1$ 時，$E_{\lambda_w}^{b_{\xi_w}^2} \to +\infty$。由式（4-28）可得

$$E_{\lambda_w}^{b_{\lambda_w}^2} = -2\left[1 + \left(\ln \frac{\lambda_w}{1-\alpha}\right)^{-1}\right] \tag{4-32}$$

因 $\ln \frac{\lambda_w}{1-\alpha} > 0$，則 $1 + \left(\ln \frac{\lambda_w}{1-\alpha}\right)^{-1} > 0$，所以由式（4-32）有 $E_{\lambda_w}^{b_{\lambda_w}^2} < 0$。由式（4-31）和式（4-32）可得

$$\frac{E_{\lambda_w}^{b_{\lambda_w}^2}}{E_{\lambda_w}^{b_{\xi_w}^2}} = -\left(\ln\frac{\lambda_w}{1-\alpha}+1\right) ln\left(\ln\frac{\lambda_w}{1-\alpha}\right) \tag{4-33}$$

因此，當 $\left|-\left(\ln\frac{\lambda_w}{1-\alpha}+1\right) ln\left(\ln\frac{\lambda_w}{1-\alpha}\right)\right| \geqslant 1$ 時，$|E_{\lambda_w}^{b_{\lambda_w}^2}| \geqslant |E_{\lambda_w}^{b_{\xi_w}^2}|$，反之，$|E_{\lambda_w}^{b_{\lambda_w}^2}| < |E_{\lambda_w}^{b_{\xi_w}^2}|$。

由命題 W4-5 可知，隨頻數參數遞增，$b_{\mu_w}^2$ 遞減，但是 $b_{\xi_w}^2$ 變動趨勢有兩種可能性，因此，相對誤差 V_2 變動趨勢存在不確定性。令判別式 $\Delta E = E_{\lambda_w}^{b_{\lambda_w}^2}/E_{\lambda_w}^{b_{\xi_w}^2} = -\left(\ln\frac{\lambda_w}{1-\alpha}+1\right)\ln\left(\ln\frac{\lambda_w}{1-\alpha}\right)$，根據巴塞爾協議設 $\alpha = 99.9\%$，得圖 4-4 所示曲線 $g(\lambda_w) = -\left(\ln\frac{\lambda_w}{1-\alpha}+1\right)\ln\left(\ln\frac{\lambda_w}{1-\alpha}\right)$，同理，應在第一象限討論相對誤差 V_2 隨監管資本變動的規律，且橫坐標以 $\lambda_w = 0.001$ 為起始點。

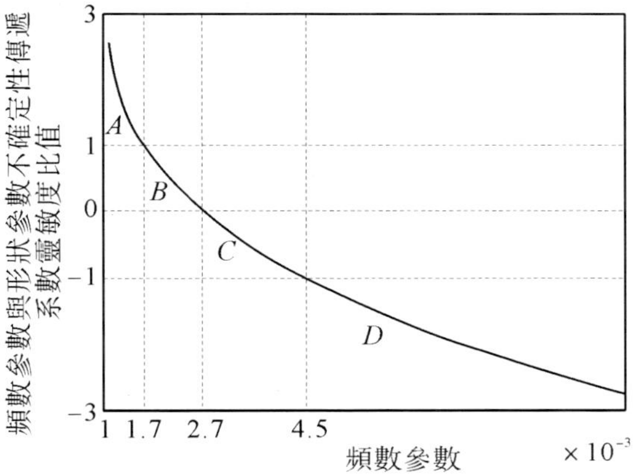

圖 4-4　監管資本與其相對誤差 V_2 隨頻數參數變動的趨勢

如圖 4-4 所示，在坐標點（0.001,7，1）（$\lambda_w = 0.001,7$，$\Delta E = 1$），存在 $E_{\lambda_w}^{b_{\lambda_w}^2} = E_{\lambda_w}^{b_{\xi_w}^2}$，表明隨頻數參數變動，$b_{\xi_w}^2$ 與 $b_{\lambda_w}^2$ 變動方向相同，且頻數參數對 $b_{\xi_w}^2$ 與 $b_{\lambda_w}^2$ 的影響程度相同。在坐標點（0.002,7，0）（$\lambda_w = 0.002,7$，$\Delta E = 0$），存在 $E_{\lambda_w}^{b_{\xi_w}^2} = +\infty$，表明若頻數參數趨近於 0.002,7，$b_{\xi_w}^2$ 趨近於正的任意無窮大。在坐標點（0.004,5，−1）（$\lambda_w = 0.004,5$，$\Delta E = -1$），存在 $E_{\lambda_w}^{b_{\lambda_w}^2} = -E_{\lambda_w}^{b_{\xi_w}^2}$，表明隨頻數參數變動，$b_{\xi_w}^2$ 與 $b_{\lambda_w}^2$ 變動方向相反，且頻數參數對 $b_{\xi_w}^2$ 與 $b_{\lambda_w}^2$ 的影響程度相同。以上三個坐標點將圖 4-4 曲線分成 A、B、C、D 四個區域，歸納相對誤差 V_2

隨監管資本變動的規律，主要有以下三種情況：

（1）在區域 A 和區域 B，隨監管資本遞增，相對誤差 V_2 減小，反之亦然。由圖 4-4 可知，區域 A 存在，$0.001 < \lambda_w < 0.001,7$ 且 $\Delta E > 1$，區域 B 存在，$0.001,7 < \lambda_w < 0.002,7$，$0 < \Delta E < 1$。兩個區域的特徵既存在差異又有共性。差異為：在區域 A，因為 $\Delta E > 1$，所以頻數參數對 $b_{\lambda_w}^2$ 的影響程度大於對 $b_{\xi_w}^2$ 的影響程度，相反，在區域 B，因為 $0 < \Delta E < 1$，所以頻數參數對 $b_{\lambda_w}^2$ 的影響程度小於對 $b_{\xi_w}^2$ 的影響程度。共性為：因為兩個區域都存在 $\Delta E > 0$，所以 $b_{\xi_w}^2$ 與 $b_{\lambda_w}^2$ 變動方向相同，即隨著頻數參數遞增，$b_{\xi_w}^2$ 與 $b_{\lambda_w}^2$ 同時遞減，相對誤差 V_2 遞減。因為 $E_{\lambda_w}^{\mathrm{OpVaR}} > 0$，所以監管資本遞增，相對誤差 V_2 減小，反之亦然。

（2）在坐標點（0.002,7，0），監管資本變動程度為常數 ξ_w^{-1}，相對誤差的變動程度趨近於任意無窮大。在坐標點（0.002,7，0），$\lambda_w \to 0.002,7$，即 $\ln[\lambda_w/(1-\alpha)] \to 1$，則 $E_{\lambda_w}^{b_{\xi_w}^2} \to +\infty$。這意味著若頻數參數趨近於 0.002,7，頻數參數遞增 1%，$b_{\xi_w}^2$ 變動程度趨近於任意無窮大，則相對誤差 V_2 變動程度趨近於任意無窮大。由式（3-4）知，當 $\ln[\lambda_w/(1-\alpha)] = 1$ 時，$E_{\lambda_w}^{\mathrm{OpVaR}} = \xi_w^{-1}$，即頻數參數遞增 1%，監管資本變動程度為百分之 ξ_w^{-1}，可見，監管資本變動程度始終為常數 ξ_w^{-1}。

（3）在區域 C 和區域 D，隨監管資本變動，相對誤差變動趨勢存在不確定性。由圖 4-4 可知，區域 C 存在，$0.002,7 < \lambda_w < 0.004,5$，$-1 < \Delta E < 0$，區域 D 存在，$\lambda_w > 0.004,5$，$\Delta E < -1$。兩個區域的特徵既存在差異又有共性。差異為：在區域 C，因為 $-1 < \Delta E < 0$，所以頻數參數對 $b_{\lambda_w}^2$ 的影響程度小於對 $b_{\xi_w}^2$ 的影響程度，相反，在區域 D，因為 $\Delta E < -1$，所以頻數參數對 $b_{\lambda_w}^2$ 的影響程度大於對 $b_{\xi_w}^2$ 的影響程度。共性為：因為兩個區域都存在 $\Delta E < 0$，所以 $b_{\xi_w}^2$ 與 $b_{\lambda_w}^2$ 變動方向相反。由於標準離差率由 $b_{\xi_w}^2$、$b_{\lambda_w}^2$ 共同決定，因此，隨著監管資本變動，相對誤差變動趨勢存在如下三種可能性。

①若 $\Delta b_{\xi_w}^2 \sigma_{\xi_w}^2 > \Delta b_{\lambda_w}^2 \sigma_{\lambda_w}^2$，則隨監管資本遞增，相對誤差 V_2 增大，反之亦然。由式（4-3）知，隨著頻數參數增加 $\Delta\lambda$，$b_{\xi_w}^2$ 增加 $\Delta b_{\xi_w}^2$，使 V_2^2 增加 $\Delta b_{\xi_w}^2 \sigma_{\xi_w}^2$，$b_{\lambda_w}^2$ 減少 $\Delta b_{\lambda_w}^2$，使 V_2^2 減少 $\Delta b_{\lambda_w}^2 \sigma_{\lambda_w}^2$，若 $\Delta b_{\xi_w}^2 \sigma_{\xi_w}^2 > \Delta b_{\lambda_w}^2 \sigma_{\lambda_w}^2$，那麼 $\Delta V_2 \geqslant 0$，即存在 $E_{\lambda_w}^{V_2} > 0$，標準離差率呈現遞增趨勢，相對誤差 V_2 增大。由命題 W4-5①

可知 $E_{\lambda_w}^{\mathrm{OpVaR}} > 0$，因此，隨著頻數參數遞增，監管資本遞增，相對誤差 V_2 增大，反之亦然。

②若 $\Delta b_{\xi_w}^2 \sigma_{\xi_w}^2 = \Delta b_{\lambda_w}^2 \sigma_{\lambda_w}^2$，則無論監管資本如何變動，相對誤差 V_2 都不變。同理可知 $E_{\lambda_w}^{V_2} = 0$，由命題 W4-5①可知 $E_{\lambda_w}^{\mathrm{OpVaR}} > 0$，因此，隨著頻數參數遞增，監管資本遞增，相對誤差 V_2 不變，反之亦然。

③若 $\Delta b_{\xi_w}^2 \sigma_{\xi_w}^2 < \Delta b_{\lambda_w}^2 \sigma_{\lambda_w}^2$，則隨監管資本遞增，相對誤差 V_2 減小，反之亦然。同理可知 $E_{\lambda_w}^{V_2} < 0$，由命題 W4-5①可知 $E_{\lambda_w}^{\mathrm{OpVaR}} > 0$，因此，隨著頻數參數遞增，監管資本遞增，相對誤差 V_2 減小，反之亦然。

由上述分析可以看到，在頻數參數影響下，隨著監管資本遞增，相對誤差 V_2 變動趨勢存在不確定性，且至少存在兩類極值風險狀態：第一類極值風險狀態 $\ln[\lambda_w/(1-\alpha)] \to 1$［圖 4-4 坐標點（0.002, 7, 0）］，監管資本變動程度為常數 ξ_w^{-1}，相對誤差 V_2 的變動程度趨近於任意無窮大。第二類極值風險狀態區域 CD$\Delta b_{\xi_w}^2 \sigma_{\xi_w}^2 = \Delta b_{\lambda_w}^2 \sigma_{\lambda_w}^2$（圖 4-4），存在這樣一種可能性：隨著頻數參數遞減，監管資本遞減，但是相對誤差 V_2 不變，因此，在該極值風險狀態點，存在著相對誤差 V_2 比監管資本大得非常多的情形，或者說，隨著頻數參數遞減，相對於監管資本來說，相對誤差 V_2 趨近於任意無窮大。

因此，隨著操作風險增大，相對誤差變動趨勢存在不確定性，且在上述兩類極值風險狀態下，相對誤差會變得非常大。如果僅以點估計值來要求監管資本，必然導致監管資本與操作風險暴露程度不匹配的問題出現。在該極值風險狀態點，存在不可忽視的相對誤差，在監管資本點估計值要求方式下，監管資本遠低於操作風險暴露程度，必然出現監管資本不足的問題。

4.4.1.2 實例檢驗及結果分析

由於操作損失數據的機密性，目前沒有公開的操作損失專業數據庫可供研究，因此，本書以已有文獻實證擬合所得操作損失分佈的特徵參數值為依據，對上述模型進行檢驗。Dionne 和 Dahen（2008）以 BASEL Ⅱ 規定的操作損失分類為標準，在以損失分佈法度量加拿大某銀行的六類操作損失（表 4-5）的操作風險價值的過程中，以 Weibull 分佈擬合操作損失強度，以 Poisson 分佈擬合操作損失頻數，得到操作損失分佈特徵參數值如表 4-5 所示。本書以此為依據，驗證前述命題。由於命題 W4-3 有確定性結論，因此僅需分析命題 W4-4

和命題 W4-5。

首先，檢驗命題 W4-4。根據巴塞爾協議要求，設 $\alpha = 99.9\%$。由命題 W4-4 得表 4-5。

表 4-5　當形狀參數變動時監管資本與其相對誤差 V_2 變動趨勢

	λ_w	ξ_w	θ_w	$\ln\frac{\lambda_w}{1-\alpha}$	$E_{\xi_w}^{OpVaR}$	$E_{\xi_w}^{b^2_{\xi_w}}$	$E_{\xi_w}^{b^2_{\theta_w}}$	$E_{\xi_w}^{b^2_{\lambda_w}}$
IF	0.52	0.59	6,308.72	6.25	-3.10	-4.00	0.00	-2.00
DPA	0.34	0.52	8,316.94	5.82	-3.39	-4.00	0.00	-2.00
EPWS	0.62	0.57	17,214.52	6.42	-3.26	-4.00	0.00	-2.00
CPBP	3.24	1.30E-6	11,698.11	8.08	-1,607,600.06	-4.00	0.00	-2.00
EDPM	9.85	3.47E-7	17,505.54	9.20	-6,394,014.85	-4.00	0.00	-2.00
EF	141.26	0.82	1,078.48	11.86	-3.02	-4.00	0.00	-2.00

由表 4-5 可知：

（1）$\ln[\lambda_w/(1-\alpha)] > 0$，則 $OpVaR_{\Delta t}(\alpha)_w > 0$，式（3-4）有意義。這表明金融機構業務活動正常，這是商業銀行操作風險的一般狀態。式（3-4）是命題 W4-3～命題 W4-5 的理論基礎和邏輯起點，實例驗證式（3-4）成立，意味著該實例符合命題 W4-3～命題 W4-5 的應用條件，命題具有實踐意義。

（2）隨監管資本遞增，相對誤差遞增，反之亦然。操作損失類型 CPBP、EDPM、DPA、EPWS、IF、EF 的風險暴露都處於 $\ln[\lambda_w/(1-\alpha)] > 1$ 狀態。存在 $E_{\xi_w}^{OpVaR} < 0$，表明隨形狀參數遞減，監管資本遞增；存在 $E_{\xi_w}^{b^2_{\xi_w}} < 0$ 且 $E_{\xi_w}^{b^2_{\lambda_w}} < 0$ 且 $E_{\xi_w}^{b^2_{\theta_w}} = 0$，即 $E_{\xi_w}^{V_2} < 0$，表明隨形狀參數遞減，相對誤差增大。因此，隨監管資本遞增，相對誤差遞增，反之亦然。

（3）在形狀參數影響下，監管資本敏感性變化範圍很大，但是，相對誤差敏感性不變。$E_{\xi_w}^{b^2_{\xi_w}}$、$E_{\xi_w}^{b^2_{\lambda_w}}$、$E_{\xi_w}^{b^2_{\theta_w}}$ 都為常數，但是，$E_{\xi_w}^{OpVaR}$ 隨分佈特徵參數變動而變動。這會導致兩種極值情形：第一，當形狀參數極小時，$E_{\xi_w}^{OpVaR}$ 很大，如損失類型 CPBP 和 EDPM，從表 4-5 可以看出，其形狀參數非常小，監管資本敏感度極高，此時，相對於監管資本變動程度來說，相對誤差的變動程度較小；第二，當形狀參數極大時，監管資本敏感度就趨於極小值，此時，相對於監管資本變動程度來說，相對誤差的變動程度將會變得非常大，根據形狀參數從小到大排序，損失類型 EF 的形狀參數最大，其監管資本敏感度最小。因此，在形狀參數為極大值的情況下，僅以點估計值來要求監管資本，由於存在著相當大的相對誤差，監管資本不足問題非常嚴重。

可見，針對該實例，命題 W4-4 有效。在形狀參數影響下，隨著操作風險增大，監管資本遞增，其相對誤差隨之增大，且在形狀參數為極大值的情況下，操作風險監管存在不可忽視的遺漏風險，監管資本不足問題非常嚴重。

其次，檢驗命題 W4-5。由命題 W4-5 和表 4-5 中損失分佈特徵參數值得表 4-6。

表 4-6　當頻數參數變動時監管資本與其相對誤差 V_2 變動的趨勢

	$\ln \frac{\lambda_w}{1-\alpha}$	$E_{\lambda_w}^{\mathrm{OpVaR}}$	$E_{\lambda_w}^{b_{\xi_w}^2}$	$E_{\lambda_w}^{b_{\theta_w}^2}$	$E_{\lambda_w}^{b_{\lambda_w}^2}$	ΔE
IF	6. 25	0. 27	0. 17	0. 00	−2. 32	−13. 27
DPA	5. 82	0. 33	0. 20	0. 00	−2. 34	−12. 02
EPWS	6. 42	0. 27	0. 17	0. 00	−2. 31	−13. 81
CPBP	8. 08	95, 155. 36	0. 12	0. 00	−2. 25	−18. 98
EDPM	9. 20	313, 394. 45	0. 10	0. 00	−2. 22	−22. 62
EF	11. 86	0. 10	0. 07	0. 00	−2. 17	−31. 80

由表 4-6 可知：

（1）$E_{\lambda_w}^{\mathrm{OpVaR}} > 0$，即隨頻數參數遞增，監管資本遞增，反之亦然，符合命題 W4-5 結論。

（2）$\Delta E < -1$ 且 $|\Delta E|$ 遠大於 1，表明所有操作損失類型風險狀態都位於圖 4-4 區域 D。存在 $\ln[\lambda_w/(1-\alpha)] > 1$ 且 $E_{\lambda_w}^{b_{\xi_w}^2} > 0$、$\lambda_w > 0.004, 5$ 且 $E_{\lambda_w}^{b_{\lambda_w}^2} < 0$，符合命題 W4-5 結論。因此，隨監管資本遞增，相對誤差變動趨勢存在三種可能性：①若 $\Delta b_{\xi_w}^2 \sigma_{\xi_w}^2 > \Delta b_{\lambda_w}^2 \sigma_{\lambda_w}^2$，則相對誤差遞增；②若 $\Delta b_{\xi_w}^2 \sigma_{\xi_w}^2 = \Delta b_{\lambda_w}^2 \sigma_{\lambda_w}^2$，則相對誤差不變；③若 $\Delta b_{\xi_w}^2 \sigma_{\xi_w}^2 < \Delta b_{\lambda_w}^2 \sigma_{\lambda_w}^2$，則相對誤差遞減。可見，隨著操作風險變動，相對誤差會發生顯著的變化，且存在極值風險狀態點。在極值風險狀態點 $\Delta b_{\xi_w}^2 \sigma_{\xi_w}^2 = \Delta b_{\lambda_w}^2 \sigma_{\lambda_w}^2$（圖 4-4 區域 D），存在著相對誤差 V_2 比監管資本大得非常

多的情形，或者說，隨著頻數參數遞減，相對於監管資本來說，相對誤差 V_2 趨近於任意無窮大。

可見，針對該實例，命題 W4-5 有效。在頻數參數影響下，隨著監管資本變動，相對誤差變動趨勢存在顯著不確定性。在極值風險狀態點 $\Delta b_{\xi_u}^2 \sigma_{\xi_u}^2 = \Delta b_{\lambda_u}^2 \sigma_{\lambda_u}^2$（圖 4-4 區域 D），存在著顯著的相對誤差。

上述實例分析驗證了命題 W4-4 和命題 W4-5。針對該實例，在形狀參數影響下，隨著操作風險增大，其相對誤差隨之增大，在頻數參數影響下，相對誤差變動趨勢存在顯著不確定性，且在兩參數影響下，相對誤差都存在極值風險狀態點：形狀參數為極大值的風險狀態、極值風險狀態點 $\Delta b_{\xi_u}^2 \sigma_{\xi_u}^2 = \Delta b_{\lambda_u}^2 \sigma_{\lambda_u}^2$（圖 4-4 區域 D）。在極值風險狀態下，存在不可忽視的相對誤差，在監管資本點估計值要求方式下，監管資本遠低於操作風險暴露程度，必然出現嚴重的監管資本不足問題。

4.4.2 Pareto 分佈下相對誤差變動特徵

4.4.2.1 理論模型

將式（3-6）代入定義 4-2，可得分佈特徵參數 θ_p、ξ_p、λ_p 的誤差傳播系數 b_{θ_p}、b_{ξ_p} 和 b_{λ_p} 分別為

$$b_{\theta_p} = \frac{1}{\theta_p} \tag{4-34}$$

$$b_{\lambda_p} = \frac{\xi_p \left(\frac{\lambda_p}{1-\alpha}\right)^{\xi_p}}{\lambda_p \left[\left(\frac{\lambda_p}{1-\alpha}\right)^{\xi_p} - 1\right]} \tag{4-35}$$

$$b_{\xi_p} = \frac{\left(\frac{\lambda_p}{1-\alpha}\right)^{\xi_p}}{\left(\frac{\lambda_p}{1-\alpha}\right)^{\xi_p} - 1} \times ln\frac{\lambda_p}{1-\alpha} - \frac{1}{\xi_p} \tag{4-36}$$

根據式（4-34）~式（4-36）可以證明 b_{θ_p}、b_{ξ_p} 和 b_{λ_p} 都大於 0，因此，將式（3-6）、式（4-34）~式（4-36）代入定義 4-3，可得 OpVaR(α)、b_{θ_p}、b_{ξ_p} 和 b_{λ_p} 相對於 θ_p、ξ_p、λ_p 變動的靈敏度，進而有命題 P4-3~命題 P4-5。

命題 P4-3　在前述假定下，存在：① $E_{\theta_p}^{\mathrm{OpVaR}} = 1$；② $E_{\theta_p}^{b_{\theta_p}} = -1$，$E_{\theta_p}^{b_{\xi_p}} = 0$，$E_{\theta_p}^{b_{\lambda_p}} = 0$。

證明　對於①，由式（3-6）可得 $E_{\theta_p}^{\mathrm{OpVaR}} = 1$。

對於②，由式（4-34）得 $E_{\theta_p}^{b_{\theta_p}} = -1$。由式（4-35）可得 $E_{\theta_p}^{b_{\xi_p}} = 0$，由式（4-36）可得 $E_{\theta_p}^{b_{\lambda_p}} = 0$。

由式（4-3）知，相對誤差 V_2 變動趨勢由 b_{θ_p}、b_{ξ_p} 以及 b_{λ_p} 變動趨勢共同決定，則由命題 P4-3 存在 $E_{\theta_p}^{V_2} < 0$。因 $E_{\theta_p}^{\mathrm{OpVaR}} = 1$，因此，在尺度參數影響下，隨著監管資本遞增，相對誤差 V_2 遞減，反之亦然。

根據極值分佈理論，尺度參數表徵 Pareto 分佈的離散度特徵，尺度參數越大，Pareto 分佈表現得越離散，因此，由命題 P4-3 可知，在置信度一定的條件下，Pareto 分佈越離散，操作風險越大，要求配置的監管資本越多，監管資本相對誤差 V_2 越小。

命題 P4-4　在前述假定下，存在：① $E_{\xi_p}^{\mathrm{OpVaR}} > 0$；② $E_{\xi_p}^{b_{\theta_p}} = 0$，$E_{\xi_p}^{b_{\lambda_p}} > 0$，$E_{\xi_p}^{b_{\xi_p}} > 0$。

證明　對於①，將式（3-6）代入定義 4-3，可得

$$E_{\xi_p}^{\mathrm{OpVaR}} = \frac{\left(\frac{\lambda_p}{1-\alpha}\right)^{\xi_p}}{\left(\frac{\lambda_p}{1-\alpha}\right)^{\xi_p} - 1} \times ln\left(\frac{\lambda_p}{1-\alpha}\right)^{\xi_p} - 1 \tag{4-37}$$

令 $t = \left(\frac{\lambda_p}{1-\alpha}\right)^{\xi_p}$，式（4-37）可記為 $E_{\xi_p}^{\mathrm{OpVaR}} = \frac{t\ln t - t + 1}{t - 1}$；記 $f(t) = t\ln t - t + 1$，有 $f'(t) = \ln t$；因 $t > 1$，則 $f'(t) > 0$，即 $f(t)$ 單調遞增；因 $t > 1$，則 $f(t) > 0$，則有 $E_{\xi_p}^{\mathrm{OpVaR}} = \frac{t\ln t - t + 1}{t - 1} > 0$。

對於②，將式（4-34）代入定義 4-3，可得 $E_{\xi_p}^{b_{\theta_p}} = 0$。進一步地，將式（4-35）代入定義 4-3，可得

$$E_{\xi_p}^{b_{\lambda_p}} = \frac{\left(\frac{\lambda_p}{1-\alpha}\right)^{\xi_p} - \ln\left(\frac{\lambda_p}{1-\alpha}\right)^{\xi_p} - 1}{\left(\frac{\lambda_p}{1-\alpha}\right)^{\xi_p} - 1} \tag{4-38}$$

由式（4-38）有，$E_{\xi_p}^{b_{\lambda_p}} = \dfrac{t - \ln t - 1}{t - 1}$，記 $d(t) = t - \ln t - 1$。因 $t > 1$，則由 $d'(t) = 1 - \dfrac{1}{t} > 0$ 知，$d(t)$ 單調遞增，則有 $d(t) > d(1) = 0$，所以有 $E_{\xi_p}^{b_{\lambda_p}} > 0$。

進一步地，將式（4-36）代入定義 4-3，可得

$$E_{\xi_p}^{b_{\xi_p}} = \frac{\left[\left(\dfrac{\lambda_p}{1-\alpha}\right)^{\xi_p} - 1\right]^2 - \left(\dfrac{\lambda_p}{1-\alpha}\right)^{\xi_p} \ln^2\left(\dfrac{\lambda_p}{1-\alpha}\right)^{\xi_p}}{\left[\left(\dfrac{\lambda_p}{1-\alpha}\right)^{\xi_p} - 1\right]\left[\left(\dfrac{\lambda_p}{1-\alpha}\right)^{\xi_p} \ln\left(\dfrac{\lambda_p}{1-\alpha}\right)^{\xi_p} - \left(\dfrac{\lambda_p}{1-\alpha}\right)^{\xi_p} + 1\right]} \quad (4\text{-}39)$$

由式（4-39）有，$E_{\xi_p}^{b_{\xi_p}} = \dfrac{(t-1)^2 - t\ln^2 t}{(t-1)(t\ln t - t + 1)}$，記 $g(t) = (t-1)^2 - t\ln^2 t$。

由 $g''(t) = \dfrac{2}{t}(t - \ln t - 1)$ 知，因 $t > 1$，則 $g''(t) > 0$，即 $g'(t)$ 單調遞增；由 $g'(t) = 2(t-1) - \ln^2 t - 2\ln t$ 知，$g'(t) > g'(1) = 0$，即 $g(t)$ 單調遞增，則 $g(t) > g(1) = 0$，又因 $t\ln t - t + 1 > 0$ 且 $t > 1$，則有 $E_{\xi_p}^{b_{\xi_p}} > 0$。

由式（4-3）知，相對誤差 V_2 變動趨勢由 b_{θ_p}、b_{ξ_p} 以及 b_{λ_p} 變動趨勢共同決定，則由命題 P4-4②存在 $E_{\xi_p}^{V_2} > 0$。又因為 $E_{\xi_p}^{\mathrm{OpVaR}} > 0$，所以在形狀參數影響下，隨著監管資本遞增，相對誤差 V_2 遞增，反之亦然。

形狀參數表徵 Pareto 分佈的尾部特徵，隨形狀參數逐漸增大，Pareto 分佈的尾部會逐漸變厚，且尾部逐漸變長，因此，由命題 P4-4 可知，隨著操作風險增大，在置信度一定的條件下，要求金融機構配置的監管資本越多，當以 Pareto 分佈擬合操作損失樣本時，Pareto 分佈的尾部越厚、拖尾越長，其相對誤差 V_2 越大。

尺度參數和形狀參數表徵操作損失強度分佈的形態特徵，綜合命題 P4-3 和命題 P4-4 發現，隨操作風險遞增，操作損失強度分佈特徵參數遞增，監管資本遞增，但是，若操作風險增大是由尺度參數增大引起，則相對誤差 V_2 減小；若操作風險增大是由形狀參數增大引起，則相對誤差 V_2 增大。因此，當操作損失強度分佈特徵參數變動時，隨監管資本遞增，相對誤差 V_2 變動趨勢呈現不確定性。

在損失分佈法下，監管資本及其相對誤差 V_2 不僅受到操作損失強度分佈影響，而且受到操作損失頻數影響，因此，進一步分析損失頻數分佈對監管資

本與其相對誤差 V_2 的影響狀況有如下命題 P4-5。

命題 P4-5 在前述假定下：① $E_{\lambda_p}^{\text{OpVaR}} > 0$； ② $E_{\lambda_p}^{b_{\theta_p}} = 0$，$E_{\lambda_p}^{b_{\lambda_p}} < 0$，$E_{\lambda_p}^{b_{\xi_p}} > 0$。

證明 對於①，將式（3-6）代入定義 4-3，可得

$$E_{\lambda_p}^{\text{OpVaR}} = \frac{\xi_p\left(\dfrac{\lambda_p}{1-\alpha}\right)^{\xi_p}}{\left(\dfrac{\lambda_p}{1-\alpha}\right)^{\xi_p} - 1} \tag{4-40}$$

根據式（4-40），因 $\left(\dfrac{\lambda_p}{1-\alpha}\right)^{\xi_p} > 1$ 且 $\xi_p > 0$，因此，$E_{\lambda_p}^{\text{OpVaR}} > 0$。

對於②，將式（4-34）代入定義 4-3，可得 $E_{\lambda_p}^{b_{\theta_p}} = 0$； 將式（4-35）代入定義 4-3，可得

$$E_{\lambda_p}^{b_{\lambda_p}} = -1 - \frac{\xi_p}{\left(\dfrac{\lambda_p}{1-\alpha}\right)^{\xi_p} - 1} \tag{4-41}$$

由式（4-41），因 $\xi_p > 0$ 且 $\left(\dfrac{\lambda_p}{1-\alpha}\right)^{\xi_p} > 1$，則 $E_{\lambda_p}^{b_{\lambda_p}} < 0$。將式（4-36）代入定義 4-3，可得

$$E_{\lambda_p}^{b_{\xi_p}} = \frac{\xi_p\left[\left(\dfrac{\lambda_p}{1-\alpha}\right)^{2\xi_p} - \left(\dfrac{\lambda_p}{1-\alpha}\right)^{\xi_p}\ln\left(\dfrac{\lambda_p}{1-\alpha}\right)^{\xi_p} - \left(\dfrac{\lambda_p}{1-\alpha}\right)^{\xi_p}\right]}{\left[\left(\dfrac{\lambda_p}{1-\alpha}\right)^{\xi_p} - 1\right]\left[\left(\dfrac{\lambda_p}{1-\alpha}\right)^{\xi_p}\ln\left(\dfrac{\lambda_p}{1-\alpha}\right)^{\xi_p} - \left(\dfrac{\lambda_p}{1-\alpha}\right)^{\xi_p} + 1\right]} \tag{4-42}$$

令 $t = \left(\dfrac{\lambda_p}{1-\alpha}\right)^{\xi_p}$，式（4-42）可記為 $E_{\lambda_p}^{b_{\xi_p}} = \dfrac{\xi_p[t^2 - t\ln t - t]}{(t-1)(t\ln t - t + 1)}$，記 $h(t) = t^2 - t\ln t - t$。因 $t > 1$，則 $h''(t) = 2 - \dfrac{1}{t} > 0$，即 $h'(t)$ 單調遞增；由 $h'(t) = 2t - \ln t - 2$，有 $h'(t) > h'(1) = 0$，即 $h(t)$ 單調遞增，則 $h(t) > h(1) = 0$。由前述分析知 $t\ln t - t + 1 > 0$，又因 $\xi_p > 0$ 且 $t > 1$，則有 $E_{\lambda_p}^{b_{\xi_p}} > 0$。

由式（4-3）知，相對誤差 V_2 變動趨勢由 b_{θ_p}、b_{ξ_p} 以及 b_{λ_p} 變動趨勢共同決定，則由命題 P4-5②可知，隨著頻數參數遞增，b_{θ_p} 不變，b_{λ_p} 遞減，b_{ξ_p} 遞增，因此，隨著頻數參數遞增，相對誤差 V_2 變動趨勢存在不確定性。$E_{\lambda_p}^{\text{OpVaR}} > 0$ 表明隨頻數參數遞增，監管資本遞增，反之亦然。由此可見，隨著監管資本遞增，

相對誤差 V_2 變動趨勢存在不確定性，主要有如下三種可能情況。

（1）若 $\Delta b_{\xi_p}^2\sigma_{\xi_p}^2 > \Delta b_{\lambda_p}^2\sigma_{\lambda_p}^2$，則隨著頻數參數遞增，相對誤差 V_2 遞增，即存在標準離差率相對於頻數參數變動的彈性 $E_{\lambda_p}^{V_2} > 0$，反之亦然。由命題 P4-5①可知 $E_{\lambda_p}^{\mathrm{OpVaR}} > 0$，因此，隨著頻數參數遞增，監管資本遞增，相對誤差 V_2 遞增，反之亦然。

（2）若 $\Delta b_{\xi_p}^2\sigma_{\xi_p}^2 = \Delta b_{\lambda_p}^2\sigma_{\lambda_p}^2$，則無論監管資本如何變動，相對誤差 V_2 都不變。同理可知 $E_{\lambda_p}^{V_2} = 0$，由命題 P4-5①可知 $E_{\lambda_p}^{\mathrm{OpVaR}} > 0$，因此，隨著頻數參數遞增，監管資本遞增，相對誤差 V_2 不變，反之亦然。

（3）若 $\Delta b_{\xi_p}^2\sigma_{\xi_p}^2 < \Delta b_{\lambda_p}^2\sigma_{\lambda_p}^2$，則隨監管資本遞增，相對誤差 V_2 減小，反之亦然。同理可知 $E_{\lambda_p}^{V_2} < 0$，由命題 P4-5①可知 $E_{\lambda_p}^{\mathrm{OpVaR}} > 0$，因此，隨著頻數參數遞增，監管資本遞增，相對誤差 V_2 減小，反之亦然。

綜合分析監管資本及其相對誤差 V_2 變動趨勢發現，當損失頻數參數變動時，由於 b_{ξ_p} 和 b_{λ_p} 變動趨勢相反，因此，隨監管資本遞增，相對誤差 V_2 變動趨勢呈現不確定性，且存在極值風險狀態點 $\Delta b_{\xi_p}^2\sigma_{\xi_p}^2 = \Delta b_{\lambda_p}^2\sigma_{\lambda_p}^2$。

4.4.2.2 實例檢驗及結果分析

Moscadelli（2004）對巴塞爾委員會收集的操作損失數據（Loss Data Collection Exercise）進行了實證研究，全面地對業務線 BL1～BL8 操作損失頻數分佈和損失強度分佈進行了擬合，並估計了特徵參數值，如表 4-7 所示。為此，本書將以該文獻實證數據驗證上述理論命題。

根據 BASEL Ⅱ 定量標準規定，「銀行必須表明所採用的方法考慮到了潛在較嚴重的概率分佈『尾部』損失事件。無論採用哪種方法，銀行必須表明，操作風險計量方式符合與信用風險 IRB 法相當的穩健標準（例如，相當於 IRB 法，持有期 1 年，99.9%置信區間）」。因此，在以下實例分析中，設 $\alpha = 99.9\%$。

同理，下面根據 Moscadelli（2004）實證所得損失分佈特徵參數值（表 4-3），分別對命題 P4-4 和命題 P4-5 進行驗證。由命題 P4-4 得表 4-7。

表 4-7　當形狀參數變動時監管資本及其相對誤差 V_2 變動靈敏度

業務線	λ_p	θ_p	ξ_p	$\left(\frac{\lambda_p}{1-\alpha}\right)^{\xi_p}$	$E_{\xi_p}^{\mathrm{OpVaR}}$	$E_{\xi_p}^{b_{\xi_p}}$	$E_{\xi_p}^{b_{\lambda_p}}$	$E_{\xi_p}^{b_{\theta_p}}$
BL1	1.80	774	1.19	7,477.807,5	7.920,9	0.124,9	0.998,8	0
BL2	7.40	254	1.17	33,651.243,0	9.424,1	0.105,8	0.999,7	0
BL3	13.00	233	1.01	14,291.664,0	8.568,1	0.116,0	0.999,3	0
BL4	4.70	412	1.39	127,120.630,0	10.753,0	0.092,9	0.999,9	0
BL5	3.92	107	1.23	26,287.051,0	9.177,2	0.108,5	0.999,6	0
BL6	4.29	243	1.22	27,014.560,0	9.204,5	0.108,2	0.999,6	0
BL7	2.60	314	0.85	799.332,3	5.692,1	0.165,8	0.991,6	0
BL8	8.00	124	0.98	6,683.873,0	7.808,8	0.126,6	0.998,7	0

註：表中參數 θ_p、ξ_p、λ_p 的數值來自文獻 Moscadelli（2004）

由表 4-7 可知：

（1）$[\lambda_p/(1-\alpha)]^{\xi_p}>1$ 且 $\lambda_p>1-\alpha$ 成立，表明監管資本 $\mathrm{OpVaR}_{\Delta t}(\alpha)>0$，式（3-6）具有實踐意義，符合商業銀行操作風險的一般狀態，命題 P4-3 ~命題 P4-5 假設條件成立。

（2）隨監管資本遞增，相對誤差 V_2 遞增，反之亦然。$E_{\xi_p}^{\mathrm{OpVaR}}$、$E_{\xi_p}^{b_{\xi_p}}$、$E_{\xi_p}^{b_{\lambda_p}}$ 都大於 0，這表明隨著形狀參數遞增，監管資本遞增，相對誤差 V_2 遞增，反之亦然。

（3）在形狀參數影響下，監管資本變動靈敏度遠大於相對誤差 V_2 變動靈敏度。$E_{\xi_p}^{\mathrm{OpVaR}}$ 遠大於分佈特徵參數誤差傳遞系數彈性，這表明形狀參數變動對監管資本影響程度遠大於對相對誤差 V_2 的影響程度。

根據上述分析可知，在形狀參數影響下，隨監管資本遞增，相對誤差 V_2 遞增，反之亦然。因為監管資本變動靈敏度遠大於相對誤差 V_2 變動靈敏度，所以當形狀參數遞減時，監管資本遞減速度大於相對誤差 V_2 遞減速度，這意味著相對於監管資本來說，相對誤差 V_2 會變得更大；反之，當形狀參數遞增時，相對於監管資本來說，相對誤差 V_2 會變得更小。

由表 4-7 中參數 θ_p、ξ_p、λ_p 的數值以及命題 P4-5 可得表 4-8。

表 4-8　當頻數參數變動時監管資本及其相對誤差 V_2 變動靈敏度

業務線	$E_{\lambda_p}^{\mathrm{OpVaR}}$	$E_{\lambda_p}^{b_{\xi_p}}$	$E_{\lambda_p}^{b_{\lambda_p}}$	$E_{\lambda_p}^{b_{\theta_p}}$
BL1	1.190,2	526,372,139.009,2	−1.000,2	0
BL2	1.170,0	12,481,914,612.550,2	−1.000,0	0
BL3	1.010,1	1,766,242,334.157,7	−1.000,1	0
BL4	1.390,0	241,508,422,435.844,0	−1.000,0	0
BL5	1.230,0	7,796,779,140.430,4	−1.000,0	0
BL6	1.220,0	8,191,738,717.058,6	−1.000,0	0
BL7	0.851,1	3,061,645.559,4	−1.001,1	0
BL8	0.980,1	341,371,612.997,1	−1.000,1	0

由表 4-8 可知：

（1）$E_{\lambda_p}^{\mathrm{OpVaR}} > 0$，即隨頻數參數遞增，監管資本遞增，反之亦然。

（2）在頻數參數影響下，隨著監管資本遞增，相對誤差 V_2 變動趨勢存在不確定性。$E_{\lambda_p}^{\mathrm{OpVaR}}$ 大於 0，即隨著頻數參數遞增，監管資本遞增，反之亦然；$E_{\lambda_p}^{b_{\xi_p}} > 0$、$E_{\lambda_p}^{b_{\lambda_p}} < 0$ 且 $E_{\lambda_p}^{b_{\theta_p}} = 0$ 表明隨著頻數參數遞增，b_{ξ_p} 遞增，b_{λ_p} 遞減，b_{θ_p} 不變，由式（4-3）知相對誤差 V_2 由 b_{ξ_p}、b_{λ_p} 以及 b_{θ_p} 共同決定，則相對誤差 V_2 變動趨勢呈現出不確定性。因此，隨著監管資本遞增，相對誤差 V_2 變動趨勢存在三種可能性：①若 $\Delta b_{\xi_p}^2 \sigma_{\xi_p}^2 > \Delta b_{\lambda_p}^2 \sigma_{\lambda_p}^2$，相對誤差 V_2 遞增；②若 $\Delta b_{\xi_p}^2 \sigma_{\xi_p}^2 = \Delta b_{\lambda_p}^2 \sigma_{\lambda_p}^2$，相對誤差 V_2 不變；③若 $\Delta b_{\xi_p}^2 \sigma_{\xi_p}^2 < \Delta b_{\lambda_p}^2 \sigma_{\lambda_p}^2$，相對誤差 V_2 遞減。可見，隨著操作風險變動，相對誤差 V_2 會發生顯著的變化，且存在極值風險狀態點。在極值風險狀態點 $\Delta b_{\xi_p}^2 \sigma_{\xi_p}^2 = \Delta b_{\lambda_p}^2 \sigma_{\lambda_p}^2$，存在著相對誤差 V_2 比監管資本大得非常多的情形，或者說，隨著頻數參數遞減，相對於監管資本來說，相對誤差 V_2 趨近於任意無窮大。

可見，針對該實例，命題 P4-5 有效。在頻數參數影響下，隨著監管資本變動，相對誤差 V_2 變動趨勢存在顯著不確定性。在極值風險狀態點 $\Delta b_{\xi_p}^2 \sigma_{\xi_p}^2 = \Delta b_{\lambda_p}^2 \sigma_{\lambda_p}^2$，存在著顯著的度量誤差。

歸納上述命題 P4-4 和命題 P4-5 的實例分析可知，隨形狀參數或頻數參數遞增，監管資本遞增，由於在相對誤差 V_2 變動靈敏度中，形狀參數影響程度大於頻數參數，因此，相對誤差 V_2 增大；但是監管資本及其相對誤差 V_2 變動靈敏度存在差異，當形狀參數變動時，監管資本變動靈敏度大於相對誤差 V_2，但是當頻數參數變動時，監管資本變動靈敏度小於相對誤差 V_2，因此，監管資本與其相對誤差 V_2 的變動程度不同。

上述實例分析驗證了命題 P4-4 和命題 P4-5。針對該實例，在形狀參數影響下，隨著操作風險增大，相對誤差 V_2 遞增，反之亦然，且監管資本變動靈敏度遠大於相對誤差 V_2 變動靈敏度；在頻數參數影響下，相對誤差 V_2 變動趨勢存在極值風險狀態點 $\Delta b_{\xi_p}^2 \sigma_{\xi_p}^2 = \Delta b_{\lambda_p}^2 \sigma_{\lambda_p}^2$，在該極值風險狀態點，存在著顯著的度量誤差。

4.4.3 重尾性極值模型下相對誤差 V_2 特徵比較

下面在操作損失強度為 Weibull 分佈或 Pareto 分佈條件下對操作風險監管資本相對誤差 V_2 變動趨勢特徵進行比較分析。

在兩重尾性極值分佈下，操作風險監管資本相對誤差 V_2 變動趨勢特徵相同之處主要有以下幾點。

（1）尺度參數誤差傳遞系數都僅與尺度參數有關。如式（4-26）所示，$b_{\theta_w} = 1/\theta_w$，如式（4-34）所示，$b_{\theta_p} = 1/\theta_p$。這表明在重尾性極值模型 Weibull 分佈和 Pareto 分佈下，尺度參數變動對監管資本及其相對誤差 V_2 影響規律相同。

（2）形狀參數和頻數參數的誤差傳遞系數都與尺度參數無關。如式（4-27）和式（4-28）與式（4-35）和式（4-36）所示，Weibull 分佈下誤差傳遞系數度量模型（b_{ξ_w} 和 b_{λ_w}）以及 Pareto 分佈下誤差傳遞系數度量模型（b_{ξ_p} 和 b_{λ_p}）中都不存在變量尺度參數。

（3）在頻數參數影響下，隨著監管資本變動，相對誤差 V_2 變動趨勢呈現出不確定性，且存在極值風險狀態。當操作損失強度為 Weibull 分佈時，在頻數參數影響下，隨著操作風險變動，相對誤差 V_2 變動趨勢存在不確定性，且存在極值風險狀態點 $\ln[\lambda_w/(1-\alpha)] \to 1$ 和圖 4-4 區域 CD$\Delta b_{\xi_w}^2 \sigma_{\xi_w}^2 = \Delta b_{\lambda_w}^2 \sigma_{\lambda_w}^2$。當操作損失強度為 Pareto 分佈時，在頻數參數影響下，相對誤差 V_2 變動趨勢存在不確定性，且存在極值風險狀態點 $\Delta b_{\xi_p}^2 \sigma_{\xi_p}^2 = \Delta b_{\lambda_p}^2 \sigma_{\lambda_p}^2$。在該極值風險狀態點，存在著度量誤差比監管資本大得非常多的情形，或者說，隨著頻數參數變動，相對於監管資本來說，度量誤差趨近於任意無窮大。

在兩重尾性極值分佈下，操作風險監管資本相對誤差 V_2 變動趨勢特徵相異之處主要有以下兩點。

（1）在形狀參數影響下，相對誤差 V_2 變動趨勢特徵存在差異。在形狀參數影響下，當操作損失強度為 Weibull 分佈時，隨著操作風險變動，相對誤差 V_2 變動趨勢存在不確定性，存在極值風險狀態點 $\ln[\lambda_w/(1-\alpha)]=1$；但是，當操作損失強度為 Pareto 分佈時，隨著操作風險遞增，相對誤差 V_2 遞增，反之亦然。

（2）在兩重尾性極值分佈下，監管資本相對誤差 V_2 變動的敏感性存在很大差異。當操作損失強度為 Weibull 分佈時，不僅在形狀參數影響下，而且在頻數參數影響下，相對誤差 V_2 變動趨勢都存在極值風險狀態點。但是，當操作損失強度為 Pareto 分佈時，僅僅在頻數參數影響下相對誤差 V_2 變動趨勢才存在極值風險狀態點。

4.5 本章小結

本章假設操作損失強度為重尾性極值模型 Weibull 分佈和 Pareto 分佈，對操作風險相對誤差隨監管資本變動規律進行了系統研究。根據第 3 章操作風險監管資本 OpVaR(α) 度量模型式（3-2）和監管資本絕對誤差度量模型式（3-5），本章導出相對誤差的度量模型，主要有兩種表現形式，如式（4-2）和式（4-3）所示。顯然，這兩種相對誤差度量模型的表現形式存在很大差異。為此，本章對這兩種表現形式的相對誤差度量模型都進行了研究。首先，通過對監管資本及其相對誤差度量模型進行分析，獲知其公共影響因子為操作損失分佈特徵參數；然後，探討了在這些損失分佈特徵參數影響下，監管資本及其相對誤差變動的特徵，進而歸納出相對誤差隨監管資本變動的一般規律，並對該理論模型進行實例驗證，所得結論如下。

（1）在不同相對誤差度量模型下，監管資本及其度量誤差的公共影響因子不同：在相對誤差為 V_1 下，公共影響因子為形狀參數 ξ 和頻數參數 λ；在相對誤差為 V_2 下，公共影響因子為形狀參數 ξ 、尺度參數 θ 以及頻數參數 λ。

（2）在頻數參數影響下，無論是在相對誤差為 V_1 的情況下，還是在相對誤差為 V_2 的情況下，監管資本度量誤差變動趨勢都存在極值風險狀態點。

①在監管資本相對誤差為 V_1 的情況下，當操作損失強度為 Weibull 分佈時，在高置信度 99.9%下，操作風險尾部的重尾性風險性態存在極值風險狀態點：$\ln[\lambda_w/(1-\alpha)]=1$ 和 $m=V_{\lambda_w}^2/V_{\xi_w}^2$。當操作風險變動經歷這兩狀態點時，其尾部的重尾性風險性態將發生突變。當操作損失強度為 Pareto 分佈時，操作風險尾部的重尾性風險性態存在極值風險狀態點：$y=V_{\lambda_p}^2/V_{\xi_p}^2$。當操作風險變動經歷該狀態點時，其尾部的重尾性風險性態將發生突變。

②在監管資本相對誤差為 V_2 的情況下，當操作損失強度為 Weibull 分佈時，在頻數參數影響下，隨著操作風險變動，相對誤差 V_2 的變動趨勢存在不確定性，且存在極值風險狀態點 $\ln[\lambda_w/(1-\alpha)]\to 1$ 和圖 4-4 區域 CD$\Delta b_{\xi_w}^2\sigma_{\xi_w}^2=\Delta b_{\lambda_w}^2\sigma_{\lambda_w}^2$。當操作損失強度為 Pareto 分佈時，在頻數參數影響下，相對誤差 V_2 的變動趨勢存在不確定性，且存在極值風險狀態點 $\Delta b_{\xi_p}^2\sigma_{\xi_p}^2=\Delta b_{\lambda_p}^2\sigma_{\lambda_p}^2$。在該極值風險狀態點，存在著度量誤差比監管資本大得非常多的情形，或者說，隨著頻數參數變動，相對於監管資本來說，度量誤差趨近於任意無窮大。

5 絕對誤差隨監管資本變動的特徵

5.1 引言

從第 4 章監管資本相對誤差 V_1 和 V_2 的研究中可以看出，在不同誤差度量模型下，監管資本及其度量誤差的公共影響因子不同。在相對誤差為 V_1 的情況下，公共影響因子為形狀參數 ξ 和頻數參數 λ；在相對誤差為 V_2 的情況下，公共影響因子為形狀參數 ξ 、尺度參數 θ 以及頻數參數 λ。因此，監管資本度量誤差變動趨勢特徵也不同。為進一步深入系統研究監管資本度量誤差變動趨勢的特徵，本章將在第 3 章的研究結果基礎上進一步探討監管資本絕對誤差隨監管資本變動的一般規律。

（1）分析監管資本影響因子。根據式（3-2）可知，在置信度一定的條件下，$\mathrm{OpVaR}(\alpha)$ 的影響因子為損失強度分佈特徵參數（形狀參數 ξ 、尺度參數 θ）和損失頻數參數 λ。

（2）探尋監管資本絕對誤差的影響因子。根據式（3-9），由 King（2001）、Mignola 和 Ugoccioni（2006）研究所得誤差傳播法則的基本原理，定義操作風險監管資本度量誤差傳播系數如下。

定義 5-1 誤差傳播系數是指分佈特徵參數（ξ、θ、λ）的標準差合成到 $\mathrm{OpVaR}(\alpha)$ 的標準差中去的比例。分佈特徵參數 ξ、θ、λ 的誤差傳播系數分別為

$$c_\xi = \frac{\partial \mathrm{OpVaR}(\alpha)}{\partial \xi},\ c_\theta = \frac{\partial \mathrm{OpVaR}(\alpha)}{\partial \theta},\ c_\lambda = \frac{\partial \mathrm{OpVaR}(\alpha)}{\partial \lambda}$$

由式（3-9）可知，當不考慮分佈特徵參數標準差（σ_{ξ}、σ_{θ}、σ_{λ}）變動時，誤差傳播系數（c_{ξ}、c_{θ}、c_{λ}）是標準差 σ_{OpVaR} 變動的唯一影響因子，因此，在置信系數 τ 一定的情況下，誤差傳播系數是監管資本度量誤差變動的唯一影響因子。由定義 5-1 可知，在置信度 α 一定的條件下，誤差傳播系數（c_{ξ}、c_{θ} 及 c_{λ}）的影響因子為損失分佈特徵參數 θ、ξ、λ，因此，監管資本度量誤差的影響因子為分佈特徵參數 θ、ξ、λ。

由以上兩方面分析可知，監管資本與其度量誤差存在公共影響因子：分佈特徵參數 ξ、θ、λ。在前述假定下，當這些公共影響因子發生變動時，監管資本與絕對誤差將同時變動。因此，通過探討監管資本與其度量誤差隨分佈特徵參數 ξ、θ、λ 變動而變動的規律，可得度量誤差隨監管資本變動的規律，進而獲知監管遺漏風險暴露變化的一般規律。

為分析監管資本與其度量誤差變動規律，須首先確定其靈敏度的表徵方法。根據管理理論給出的靈敏度定義，監管資本與其度量誤差變動靈敏度為：分佈特徵參數變動的絕對大小（$\Delta\theta$、$\Delta\xi$、$\Delta\lambda$）引起 $\mathrm{OpVaR}(\alpha)$、c_{ξ}、c_{θ}、c_{λ} 變動的絕對大小［$\Delta\mathrm{OpVaR}(\alpha)$、$\Delta c_{\xi}$、$\Delta c_{\theta}$、$\Delta c_{\lambda}$］。但是，實證研究表明分佈特徵參數大小及變化範圍差異很大，該傳統靈敏度計算方法不能充分反應分佈特徵參數影響 $\mathrm{OpVaR}(\alpha)$、c_{ξ}、c_{θ}、c_{λ} 的靈敏度。為此，引入經濟學彈性分析方法，即通過分析分佈特徵參數的變動程度（$\Delta\xi/\xi$、$\Delta\theta/\theta$、$\Delta\lambda/\lambda$）引起 $\mathrm{OpVaR}(\alpha)$、c_{ξ}、c_{θ}、c_{λ} 變動的程度［$\Delta\mathrm{OpVaR}(\alpha)/\mathrm{OpVaR}(\alpha)$、$\Delta c_{\xi}/c_{\xi}$、$\Delta c_{\theta}/c_{\theta}$、$\Delta c_{\lambda}/c_{\lambda}$］，來刻畫監管資本與其度量誤差相對於分佈特徵參數變動的靈敏度。

進一步地，由式（3-9）可知，本質上是 $|c_{\xi}|$、$|c_{\theta}|$、$|c_{\lambda}|$ 變動影響了度量誤差變動的靈敏度。但是 c_{ξ}、c_{θ} 及 c_{λ} 可能小於 0，為此，須改進後一種方法，以 c_{θ}^2、c_{ξ}^2、c_{λ}^2 相對於分佈特徵參數變動，來表徵度量誤差相對於分佈特徵參數的靈敏度。基於此，根據彈性理論，給出 $\mathrm{OpVaR}(\alpha)$、c_{θ}^2、c_{ξ}^2、c_{λ}^2 的分佈特徵參數彈性定義如下。

定義 5-2　i（i 分別表示 $\mathrm{OpVaR}(\alpha)$、c_{θ}^2、c_{ξ}^2、c_{λ}^2）的分佈特徵參數 ξ、θ、λ 彈性為

$$E_{\xi}^{i}=\lim_{\Delta\xi\to 0}\frac{\Delta i/i}{\Delta\xi/\xi},\quad E_{\theta}^{i}=\lim_{\Delta\theta\to 0}\frac{\Delta i/i}{\Delta\theta/\theta},\quad E_{\lambda}^{i}=\lim_{\Delta\lambda\to 0}\frac{\Delta i/i}{\Delta\lambda/\lambda}$$

下面，分別假設操作損失強度為 Weibull 分佈和 Pareto 分佈，通過探討當 θ、ξ、λ 變動時，OpVaR(α)、c_θ^2、c_ξ^2 以及 c_λ^2 變動的靈敏度，來考察度量誤差隨監管資本變動的一般規律，進而獲知監管遺漏風險暴露的變化特徵。

5.2 Weibull 分佈下監管遺漏風險變化特徵

5.2.1 理論模型

將式（3-4）代入定義 5-1，可得分佈特徵參數的誤差傳播系數 c_{θ_w}、c_{ξ_w} 和 c_{λ_w} 分別為

$$c_{\theta_w} = \left(\ln \frac{\lambda_w}{1-\alpha}\right)^{\frac{1}{\xi_w}} \tag{5-1}$$

$$c_{\xi_w} = -\theta_w \xi_w^{-2} \left(\ln \frac{\lambda_w}{1-\alpha}\right)^{\frac{1}{\xi_w}} \ln\left(\ln \frac{\lambda_w}{1-\alpha}\right) \tag{5-2}$$

$$c_{\lambda_w} = -\frac{\theta_w}{\xi_w \lambda_w}\left(\ln \frac{\lambda_w}{1-\alpha}\right)^{\frac{1}{\xi_w}-1} \tag{5-3}$$

由定義 5-1 及式（5-1）~式（5-3）可知，在置信度 α 一定的條件下，誤差傳播系數的唯一影響因子為損失分佈特徵參數 ξ_w、θ_w、λ_w。因此，在置信系數 τ 一定的條件下，監管資本度量誤差唯一的客觀影響因子為損失分佈特徵參數 ξ_w、θ_w、λ_w。

綜合以上兩方面分析可知，監管資本與其度量誤差存在公共影響因子：分佈特徵參數 ξ_w、θ_w、λ_w。通過探討監管資本與其度量誤差隨分佈特徵參數 ξ_w、θ_w、λ_w 變動的規律，可得度量誤差隨監管資本變動的規律，進而獲知監管遺漏風險暴露變化的一般規律。

將式（3-4）和式（5-1）~式（5-3）代入定義 5-2，可得 OpVaR(α)、$c_{\theta_w}^2$、$c_{\xi_w}^2$、$c_{\lambda_w}^2$ 相對於 θ_w、ξ_w、λ_w 變動的靈敏度，進而有命題 W5-1~命題 W5-3。

命題 W5-1 在前述假定下，存在：① $E_{\theta_w}^{\text{OpVaR}} = 1$； ② $E_{\theta_w}^{c_{\theta_w}^2} = 0$，$E_{\theta_w}^{c_{\xi_w}^2} = 2$，$E_{\theta_w}^{c_{\lambda_w}^2} = 2$。

證明 對於①，由式（3-4）可得 $E_{\theta_w}^{\mathrm{OpVaR}} = 1$。

對於②，由式（5-1）可得 $E_{\theta_w}^{c_{\theta_w}^2} = 0$，由式（5-2）可得 $E_{\theta_w}^{c_{\xi_w}^2} = 2$，由式（5-3）可得 $E_{\theta_w}^{c_{\lambda_w}^2} = 2$。

由式（3-9）知，度量誤差變動趨勢由 $c_{\theta_w}^2$、$c_{\xi_w}^2$、$c_{\lambda_w}^2$ 變動趨勢共同決定，則存在 $E_{\theta_w}^{\sigma_{\mathrm{OpVaR}}} > 0$。又因 $E_{\theta_w}^{\mathrm{OpVaR}} = 1 > 0$，因此，在尺度參數影響下，隨著監管資本遞增，$\sigma_{\mathrm{OpVaR}}$ 遞增，度量誤差遞增，監管遺漏風險增大，反之亦然。

命題 W5-2 在前述假定下，存在：①當 $0 < \ln[\lambda_w/(1-\alpha)] \leqslant 1$ 時，$E_{\xi_w}^{\mathrm{OpVaR}} \geqslant 0$，當 $\ln[\lambda_w/(1-\alpha)] > 1$ 時，$E_{\xi_w}^{\mathrm{OpVaR}} < 0$；②當 $0 < \ln[\lambda_w/(1-\alpha)] \leqslant 1$ 時，$E_{\xi_w}^{c_{\theta_w}^2} \geqslant 0$，當 $\ln[\lambda_w/(1-\alpha)] > 1$ 時，$E_{\xi_w}^{c_{\theta_w}^2} < 0$；當 $0 < \ln[\lambda_w/(1-\alpha)] \leqslant \exp(-2\xi_w)$ 時，$E_{\xi_w}^{c_{\xi_w}^2} \geqslant 0$，當 $\ln[\lambda_w/(1-\alpha)] > \exp(-2\xi_w)$ 時，$E_{\xi_w}^{c_{\xi_w}^2} < 0$；當 $0 < \ln[\lambda_w/(1-\alpha)] \leqslant \exp(-\xi_w)$ 時，$E_{\xi_w}^{c_{\lambda_w}^2} \geqslant 0$，當 $\ln[\lambda_w/(1-\alpha)] > \exp(-\xi_w)$ 時，$E_{\xi_w}^{c_{\lambda_w}^2} < 0$。

證明 證明①，由式（3-4）可得

$$E_{\xi_w}^{\mathrm{OpVaR}} = -\xi_w^{-1} ln\left(\ln \frac{\lambda_w}{1-\alpha}\right) \tag{5-4}$$

由式（5-4）可知，因為 $\ln \frac{\lambda_w}{1-\alpha} > 0$ 且 $\xi_w > 0$，則有 $\left(\ln \frac{\lambda_w}{1-\alpha}\right)^{\frac{1}{\xi_w}} \geqslant 0$，所以若 $0 < \ln \frac{\lambda_w}{1-\alpha} \leqslant 1$，則 $E_{\xi_w}^{\mathrm{OpVaR}} \geqslant 0$；若 $\ln \frac{\lambda_w}{1-\alpha} > 1$，則 $E_{\xi_w}^{\mathrm{OpVaR}} < 0$。

對於②，由式（5-1）可得

$$E_{\xi_w}^{c_{\theta_w}^2} = -2\xi_w^{-1} \ln\left(\ln \frac{\lambda_w}{1-\alpha}\right) \tag{5-5}$$

由式（5-5）可知，因為 $\ln \frac{\lambda_w}{1-\alpha} > 0$ 且 $\xi_w > 0$，則有 $\left(\ln \frac{\lambda_w}{1-\alpha}\right)^{\frac{1}{\xi_w}} \geqslant 0$，所以若 $0 < \ln \frac{\lambda_w}{1-\alpha} \leqslant 1$，則 $E_{\xi_w}^{c_{\theta_w}^2} \geqslant 0$；若 $\ln \frac{\lambda_w}{1-\alpha} > 1$，則 $E_{\xi_w}^{c_{\xi_w}^2} < 0$。由式（5-2）可得

$$E_{\xi_w}^{c_{\xi_w}^2} = -4 - 2\xi_w^{-1} \ln\left(\ln \frac{\lambda_w}{1-\alpha}\right) \tag{5-6}$$

由式（5-6），欲使 $E_{\xi_w}^{c_{\xi_w}^2} = -4 - 2\xi_w^{-1} \ln\left(\ln \frac{\lambda_w}{1-\alpha}\right) > 0$，則須 $\ln\left(\ln \frac{\lambda_w}{1-\alpha}\right) <$

$-2\xi_w$，即 $\ln\dfrac{\lambda_w}{1-\alpha} < \exp(-2\xi_w)$，因 $\ln\dfrac{\lambda_w}{1-\alpha} > 0$，所以若 $0 < \ln\dfrac{\lambda_w}{1-\alpha} \leqslant \exp(-2\xi_w)$，則 $E_{\xi_w}^{c^2_{\xi_w}} \geqslant 0$；若 $\ln\dfrac{\lambda_w}{1-\alpha} > \exp(-2\xi_w)$，則 $E_{\xi_w}^{c^2_{\xi_w}} < 0$。由式（5-3）可得

$$E_{\xi_w}^{c^2_{\lambda_w}} = -2 - 2\xi_w^{-1}\ln\left(\ln\frac{\lambda_w}{1-\alpha}\right) \tag{5-7}$$

由式(5-7)，欲使 $E_{\xi_w}^{c^2_{\lambda_w}} = -2 - 2\xi_w^{-1}\ln\left(\ln\dfrac{\lambda_w}{1-\alpha}\right) < 0$，則須 $\ln[\lambda_w/(1-\alpha)] > \exp(-\xi_w)$，所以若 $\ln\dfrac{\lambda_w}{1-\alpha} > \exp(-\xi_w)$，則 $E_{\xi_w}^{c^2_{\lambda_w}} < 0$；若 $0 < \ln[\lambda_w/(1-\alpha)] \leqslant \exp(-\xi_w)$，則 $E_{\xi_w}^{c^2_{\lambda_w}} \geqslant 0$。

由命題 W5-2 知，在形狀參數影響下，$c^2_{\theta_w}$、$c^2_{\xi_w}$ 及 $c^2_{\lambda_w}$ 變動趨勢存在兩種可能性，這必然導致度量誤差變動趨勢存在多種可能性。因此，隨著監管資本變動，度量誤差變動趨勢存在不確定性。

由前述分析，因 $\xi_w > 0$，則有 $0 < \exp(-2\xi_w) < \exp(-\xi_w) < 1$。進一步地，由命題 W5-2 可知，決定 OpVaR(α)、$c^2_{\theta_w}$、$c^2_{\xi_w}$、$c^2_{\lambda_w}$ 變動方向的邊界條件為四條曲線：$f_1(\xi_w)=0$ 為曲線 L_1，$f_2(\xi_w)=\exp(-2\xi_w)$ 為曲線 L_2，$f_3(\xi_w)=\exp(-\xi_w)$ 為曲線 L_3，$f_4(\xi_w)=1$ 為曲線 L_4。因為 $\ln[\lambda_w/(1-\alpha)] > 0$ 且 $\xi_w > 0$，所以應在第一象限討論監管資本與其度量誤差變動規律，如圖 5-1 所示。

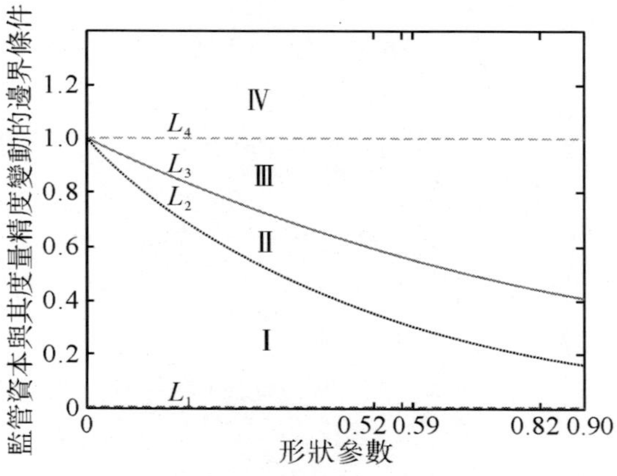

圖 5-1　監管資本與其度量誤差隨形狀參數變動的趨勢

如圖 5-1 所示，四條臨界線將第一象限劃分為四個區域。在不同區域內，$\mathrm{OpVaR}(\alpha)$、$c_{\theta_w}^2$、$c_{\xi_w}^2$、$c_{\lambda_w}^2$ 變動方向不同，度量誤差隨監管資本變動趨勢不同。

（1）在區域Ⅰ，$0 < \ln[\lambda_w/(1-\alpha)] \leqslant \exp(-2\xi_w)$，存在 $E_{\xi_w}^{\mathrm{OpVaR}} > 0$、$E_{\xi_w}^{c_{\theta_w}^2} > 0$、$E_{\xi_w}^{c_{\xi_w}^2} \geqslant 0$、$E_{\xi_w}^{c_{\lambda_w}^2} > 0$ 同時成立。由 $E_{\xi_w}^{c_{\theta_w}^2} > 0$、$E_{\xi_w}^{c_{\xi_w}^2} \geqslant 0$、$E_{\xi_w}^{c_{\lambda_w}^2} > 0$ 可知 $E_{\xi_w}^{\sigma_{\mathrm{OpVaR}}} > 0$，又因為 $E_{\xi_w}^{\mathrm{OpVaR}} > 0$，所以隨監管資本遞增，$\sigma_{\mathrm{OpVaR}}$ 遞增，度量誤差遞增，反之亦然。

（2）在區域Ⅱ，$\exp(-2\xi_w) < \ln[\lambda_w/(1-\alpha)] \leqslant \exp(-\xi_w)$，存在 $E_{\xi_w}^{\mathrm{OpVaR}} > 0$、$E_{\xi_w}^{c_{\theta_w}^2} \geqslant 0$、$E_{\xi_w}^{c_{\lambda_w}^2} > 0$、$E_{\xi_w}^{c_{\xi_w}^2} < 0$ 同時成立。根據式（3-9）可知，σ_{OpVaR} 由誤差傳播系數和分佈特徵參數的方差共同決定，因此，度量誤差隨監管資本變動趨勢存在三種可能性：①若 $\Delta c_{\theta_w}^2\sigma_{\theta_w}^2 + \Delta c_{\lambda_w}^2\sigma_{\lambda_w}^2 > \Delta c_{\xi_w}^2\sigma_{\xi_w}^2$，隨監管資本遞增，度量誤差遞增，反之亦然。隨形狀參數遞增 $\Delta\xi$，$c_{\theta_w}^2$、$c_{\lambda_w}^2$ 使 σ_{OpVaR} 遞增 $\Delta c_{\theta_w}^2\sigma_{\theta_w}^2$、$\Delta c_{\lambda_w}^2\sigma_{\lambda_w}^2$，$c_{\xi_w}^2$ 使 σ_{OpVaR} 遞減 $\Delta c_{\xi_w}^2\sigma_{\xi_w}^2$，由式（3-9）知 $\Delta\sigma_{\mathrm{OpVaR}} > 0$，即存在 $E_{\xi_w}^{\sigma_{\mathrm{OpVaR}}} > 0$。又因 $E_{\xi_w}^{\mathrm{OpVaR}} > 0$，則隨監管資本遞增，$\sigma_{\mathrm{OpVaR}}$ 遞增，度量誤差遞增，反之亦然。②若 $\Delta c_{\theta_w}^2\sigma_{\theta_w}^2 + \Delta c_{\lambda_w}^2\sigma_{\lambda_w}^2 = \Delta c_{\xi_w}^2\sigma_{\xi_w}^2$，存在 $E_{\xi_w}^{\sigma_{\mathrm{OpVaR}}} = 0$，因此，無論監管資本如何變動，度量誤差都不變。③若 $\Delta c_{\theta_w}^2\sigma_{\theta_w}^2 + \Delta c_{\lambda_w}^2\sigma_{\lambda_w}^2 < \Delta c_{\xi_w}^2\sigma_{\xi_w}^2$，隨監管資本遞增，度量誤差遞減，反之亦然。

由此可知，在區域Ⅱ，隨監管資本遞增，度量誤差的變動趨勢呈現出從遞增（當 $\Delta c_{\theta_w}^2\sigma_{\theta_w}^2 + \Delta c_{\lambda_w}^2\sigma_{\lambda_w}^2 > \Delta c_{\xi_w}^2\sigma_{\xi_w}^2$ 時）到不變（當 $\Delta c_{\theta_w}^2\sigma_{\theta_w}^2 + \Delta c_{\lambda_w}^2\sigma_{\lambda_w}^2 = \Delta c_{\xi_w}^2\sigma_{\xi_w}^2$ 時）再到遞減（當 $\Delta c_{\theta_w}^2\sigma_{\theta_w}^2 + \Delta c_{\lambda_w}^2\sigma_{\lambda_w}^2 < \Delta c_{\xi_w}^2\sigma_{\xi_w}^2$ 時）的變化過程，在狀態點 $\Delta c_{\theta_w}^2\sigma_{\theta_w}^2 + \Delta c_{\lambda_w}^2\sigma_{\lambda_w}^2 = \Delta c_{\xi_w}^2\sigma_{\xi_w}^2$ 處，度量誤差變動趨勢發生逆轉。

（3）在區域Ⅲ，$\exp(-\xi_w) < \ln[\lambda_w/(1-\alpha)] \leqslant 1$，存在 $E_{\xi_w}^{\mathrm{OpVaR}} \geqslant 0$、$E_{\xi_w}^{c_{\theta_w}^2} \geqslant 0$、$E_{\xi_w}^{c_{\xi_w}^2} < 0$、$E_{\xi_w}^{c_{\lambda_w}^2} \leqslant 0$ 同時成立，同理，度量誤差隨監管資本變動趨勢存在三種可能性：①若 $\Delta c_{\theta_w}^2\sigma_{\theta_w}^2 > \Delta c_{\lambda_w}^2\sigma_{\lambda_w}^2 + \Delta c_{\xi_w}^2\sigma_{\xi_w}^2$，隨監管資本遞增，度量誤差遞增，反之亦然。隨形狀參數遞增 $\Delta\xi$，$c_{\theta_w}^2$ 使 σ_{OpVaR} 遞增 $\Delta c_{\theta_w}^2\sigma_{\theta_w}^2$，$c_{\xi_w}^2$、$c_{\lambda_w}^2$ 分別使 σ_{OpVaR} 遞減 $\Delta c_{\xi_w}^2\sigma_{\xi_w}^2$、$\Delta c_{\lambda_w}^2\sigma_{\lambda_w}^2$，存在 $E_{\xi_w}^{\sigma_{\mathrm{OpVaR}}} > 0$，又因 $E_{\xi_w}^{\mathrm{OpVaR}} > 0$，則隨監管資本遞增，度量誤差遞增，反之亦然。②若 $\Delta c_{\theta_w}^2\sigma_{\theta_w}^2 = \Delta c_{\lambda_w}^2\sigma_{\lambda_w}^2 + \Delta c_{\xi_w}^2\sigma_{\xi_w}^2$，無論監管資本怎麼變動，度量誤差都不變。③若 $\Delta c_{\theta_w}^2\sigma_{\theta_w}^2 < \Delta c_{\lambda_w}^2\sigma_{\lambda_w}^2 + \Delta c_{\xi_w}^2\sigma_{\xi_w}^2$，隨監管資本遞增，度量誤差遞減，反之亦然。

因此，在區域Ⅲ，隨監管資本遞增，度量誤差變動趨勢呈現出從遞增到不變再到遞減的變化過程，在狀態點$\Delta c_{\theta_w}^2 \sigma_{\theta_w}^2 = \Delta c_{\lambda_w}^2 \sigma_{\lambda_w}^2 + \Delta c_{\xi_w}^2 \sigma_{\xi_w}^2$處，度量誤差變動趨勢發生逆轉。

（4）在區域Ⅳ，$\ln[\lambda_w/(1-\alpha)] > 1$，存在$E_{\xi_w}^{\mathrm{OpVaR}} < 0$、$E_{\xi_w}^{c_{\theta_w}^2} < 0$、$E_{\xi_w}^{c_{\xi_w}^2} < 0$、$E_{\xi_w}^{c_{\lambda_w}^2} \leqslant 0$。由$E_{\xi_w}^{c_{\theta_w}^2} < 0$、$E_{\xi_w}^{c_{\xi_w}^2} < 0$、$E_{\xi_w}^{c_{\lambda_w}^2} \leqslant 0$知$E_{\xi_w}^{\sigma_{\mathrm{OpVaR}}} < 0$，因此，隨監管資本遞增，度量誤差遞增，反之亦然。

在形狀參數影響下，從圖5-1區域Ⅰ到區域Ⅳ，隨監管資本遞增，度量誤差變動趨勢不僅在每兩區域之間邊界位置會發生逆轉，而且在區域Ⅱ和區域Ⅲ內部的風險狀態點區域Ⅱ $\Delta c_{\theta_w}^2 \sigma_{\theta_w}^2 + \Delta c_{\lambda_w}^2 \sigma_{\lambda_w}^2 = \Delta c_{\xi_w}^2 \sigma_{\xi_w}^2$ 和區域Ⅲ $\Delta c_{\theta_w}^2 \sigma_{\theta_w}^2 = \Delta c_{\lambda_w}^2 \sigma_{\lambda_w}^2 + \Delta c_{\xi_w}^2 \sigma_{\xi_w}^2$ 也會發生逆轉，度量誤差呈現出顯著的不確定性，其變動趨勢曲線存在多個極值風險狀態點：區域Ⅱ $\Delta c_{\theta_w}^2 \sigma_{\theta_w}^2 + \Delta c_{\lambda_w}^2 \sigma_{\lambda_w}^2 = \Delta c_{\xi_w}^2 \sigma_{\xi_w}^2$（圖5-1），區域Ⅲ $\Delta c_{\theta_w}^2 \sigma_{\theta_w}^2 = \Delta c_{\lambda_w}^2 \sigma_{\lambda_w}^2 + \Delta c_{\xi_w}^2 \sigma_{\xi_w}^2$（圖5-1）。

命題 W5-3　在前述假定下，存在：① $E_{\lambda_w}^{\mathrm{OpVaR}} > 0$。② $E_{\lambda_w}^{c_{\theta_w}^2} > 0$；當$0 < \ln[\lambda_w/(1-\alpha)] \leqslant \exp(-\xi_w)$時，$E_{\lambda_w}^{c_{\xi_w}^2} \geqslant 0$，當$\ln[\lambda_w/(1-\alpha)] > \exp(-\xi_w)$時，$E_{\lambda_w}^{c_{\xi_w}^2} < 0$；當$0 < \ln[\lambda_w/(1-\alpha)] \leqslant \xi_w^{-1} - 1$時，$E_{\lambda_w}^{c_{\lambda_w}^2} \geqslant 0$，當$\ln[\lambda_w/(1-\alpha)] > \xi_w^{-1} - 1$時，$E_{\lambda_w}^{c_{\lambda_w}^2} < 0$。

證明　證明①，將式（3-4）代入定義5-2，可得

$$E_{\lambda_w}^{\mathrm{OpVaR}} = \left(\xi_w \ln \frac{\lambda_w}{1-\alpha}\right)^{-1} \tag{5-8}$$

由式（5-8）可知：因為$\ln \dfrac{\lambda_w}{1-\alpha} > 0$且$\xi_w > 0$，所以$E_{\lambda_w}^{\mathrm{OpVaR}} = \left(\xi_w \ln \dfrac{\lambda_w}{1-\alpha}\right)^{-1} > 0$。

對於②，將式（5-1）代入定義5-2，可得

$$E_{\lambda_w}^{c_{\theta_w}^2} = 2\left(\xi_w \ln \frac{\lambda_w}{1-\alpha}\right)^{-1} \tag{5-9}$$

由式（5-9）可知：$E_{\lambda_w}^{c_{\theta_w}^2} = 2\left(\xi_w \ln \dfrac{\lambda_w}{1-\alpha}\right)^{-1} = 2E_{\lambda_w}^{\mathrm{OpVaR}} > 0$。將式（5-4）代入定義5-2，可得

$$E_{\lambda_w}^{c_{\xi_w}^2} = 2\left(\ln \frac{\lambda_w}{1-\alpha}\right)^{-1}\left\{\xi_w^{-1} + \left[\ln\left(\ln \frac{\lambda_w}{1-\alpha}\right)\right]^{-1}\right\} \tag{5-10}$$

由式（5-10），因 $\ln \frac{\lambda_w}{1-\alpha} > 0$ 且 $\xi_w > 0$，則

當 $\xi_w^{-1} + \left[\ln\left(\ln \frac{\lambda_w}{1-\alpha}\right)\right]^{-1} \geqslant 0$ 時，$E_{\lambda_w}^{c_{\xi_w}^2} = 2\left(\ln \frac{\lambda_w}{1-\alpha}\right)^{-1}\left\{\xi_w^{-1} + \left[\ln\left(\ln \frac{\lambda_w}{1-\alpha}\right)\right]^{-1}\right\} \geqslant 0$。根據 $\xi_w^{-1} + \left[\ln\left(\ln \frac{\lambda_w}{1-\alpha}\right)\right]^{-1} \geqslant 0$ 有

$$\begin{cases} \ln\left(\ln \frac{\lambda_w}{1-\alpha}\right) \geqslant 0 \\ \frac{1}{\xi_w} + \left[\ln\left(\ln \frac{\lambda_w}{1-\alpha}\right)\right]^{-1} \geqslant 0 \end{cases}，或 \begin{cases} \ln\left(\ln \frac{\lambda_w}{1-\alpha}\right) < 0 \\ \frac{1}{\xi_w} + \left[\ln\left(\ln \frac{\lambda_w}{1-\alpha}\right)\right]^{-1} \geqslant 0 \end{cases};$$

$$即 \begin{cases} \ln \frac{\lambda_w}{1-\alpha} \geqslant 1 \\ \ln \frac{\lambda_w}{1-\alpha} \geqslant \exp(-\xi_w) \end{cases}，或 \begin{cases} 0 < \ln \frac{\lambda_w}{1-\alpha} < 1 \\ \ln \frac{\lambda_w}{1-\alpha} < \exp(-\xi_w) \end{cases}$$

因 $\xi_w > 0$，則 $\exp(-\xi_w) < 1$。因 $\ln \frac{\lambda_w}{1-\alpha} > 0$，因此，當 $0 < \ln[\lambda_w/(1-\alpha)] \leqslant \exp(-\xi_w)$ 時，$E_{\lambda_w}^{c_{\xi_w}^2} \geqslant 0$。

當 $\frac{1}{\xi_w} + \left[\ln\left(\ln \frac{\lambda_w}{1-\alpha}\right)\right]^{-1} < 0$ 時，$E_{\lambda_w}^{c_{\xi_w}^2} = 2\left(\ln \frac{\lambda_w}{1-\alpha}\right)^{-1}\left\{\frac{1}{\xi_w} + \left[\ln\left(\ln \frac{\lambda_w}{1-\alpha}\right)\right]^{-1}\right\} < 0$。根據 $\frac{1}{\xi_w} + \left[\ln\left(\ln \frac{\lambda_w}{1-\alpha}\right)\right]^{-1} < 0$ 有

$$\begin{cases} \ln\left(\ln \frac{\lambda_w}{1-\alpha}\right) \geqslant 0 \\ \frac{1}{\xi_w} + \left[\ln\left(\ln \frac{\lambda_w}{1-\alpha}\right)\right]^{-1} < 0 \end{cases}，或 \begin{cases} \ln\left(\ln \frac{\lambda_w}{1-\alpha}\right) < 0 \\ \frac{1}{\xi_w} + \left[\ln\left(\ln \frac{\lambda_w}{1-\alpha}\right)\right]^{-1} < 0 \end{cases};$$

$$即 \begin{cases} \ln \frac{\lambda_w}{1-\alpha} \geqslant 1 \\ \ln \frac{\lambda_w}{1-\alpha} \geqslant \exp(-\xi_w) \end{cases}，或 \begin{cases} 0 < \ln \frac{\lambda_w}{1-\alpha} < 1 \\ \ln \frac{\lambda_w}{1-\alpha} \leqslant \exp(-\xi_w) \end{cases}$$

所以，當 $\ln[\lambda_w/(1-\alpha)] > \exp(-\xi_w)$ 時，$E_{\lambda_w}^{c_{\xi_w}^2} < 0$ 成立。將式（5-3）代入定義 5-2，可得

$$E_{\lambda_w}^{c_{\lambda_w}^2} = 2\left(\frac{1}{\xi_w} - 1\right)\left(\ln\frac{\lambda_w}{1-\alpha}\right)^{-1} - 2 \tag{5-11}$$

由式（5-11）可得，因 $\ln\dfrac{\lambda_w}{1-\alpha} > 0$，則當 $0 < \ln[\lambda_w/(1-\alpha)] \leqslant \xi_w^{-1} - 1$ 時，有

$$\left(\frac{1}{\xi_w} - 1\right)\left(\ln\frac{\lambda_w}{1-\alpha}\right)^{-1} \geqslant 1$$

因此有

$$E_{\lambda_w}^{c_{\lambda_w}^2} = 2\left(\frac{1}{\xi_w} - 1\right)\left(\ln\frac{\lambda_w}{1-\alpha}\right)^{-1} - 2 \geqslant 0$$

即 $E_{\lambda_w}^{c_{\lambda_w}^2} \geqslant 0$。當 $\ln[\lambda_w/(1-\alpha)] > \xi_w^{-1} - 1$ 時，$E_{\lambda_w}^{c_{\lambda_w}^2} < 0$。

由命題 W5-3 可知，隨頻數參數遞增，$c_{\theta_w}^2$ 遞增，但是，$c_{\xi_w}^2$ 和 $c_{\lambda_w}^2$ 變動趨勢有兩種可能性，因此，度量誤差變動趨勢存在不確定性。根據 $c_{\xi_w}^2$ 和 $c_{\lambda_w}^2$ 變動趨勢發生轉變的條件，可得曲線 $L'_1(f(\xi_w) = \exp(-\xi_w))$ 和曲線 $L'_2(f(\xi_w) = \xi_w^{-1} - 1)$，如圖 5-2 所示。

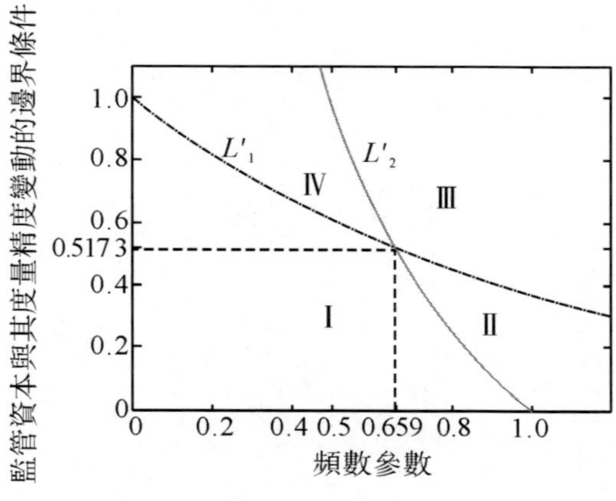

圖 5-2　監管資本與其度量誤差隨頻數參數變動的趨勢

因為 $\lambda_w > 0$ 且 $\ln[\lambda_w/(1-\alpha)] > 0$，所以僅在第一象限討論 $c_{\xi_w}^2$、$c_{\lambda_w}^2$ 的變動方向。如圖 5-2 所示，曲線 $L'_1[f(\xi_w) = \exp(-\xi_w)]$ 和曲線 $L'_2[f(\xi_w) = \xi_w^{-1} -$

1] 相交於點（0.659，0.517,3），兩曲線將第一象限分為圖 5-2 所示四個區域。

（1）在區域Ⅰ, $0 < \ln[\lambda_w/(1-\alpha)] \leqslant \exp(-\xi_w)$ 且 $0 < \ln[\lambda_w/(1-\alpha)] \leqslant \xi_w^{-1} - 1$，存在 $E_{\lambda_w}^{c^2_{\theta_w}} > 0$、$E_{\lambda_w}^{c^2_{\xi_w}} \geqslant 0$、$E_{\lambda_w}^{c^2_{\lambda_w}} \geqslant 0$ 同時成立，則 $E_{\lambda_w}^{\sigma_{\mathrm{OpVaR}}} > 0$。又因 $E_{\lambda_w}^{\mathrm{OpVaR}} > 0$，所以隨監管資本遞增，$\sigma_{\mathrm{OpVaR}}$ 遞增，度量誤差遞增，反之亦然。

（2）在區域Ⅱ, $0 < \ln[\lambda_w/(1-\alpha)] \leqslant \exp(-\xi_w)$ 且 $\ln[\lambda_w/(1-\alpha)] > \xi_w^{-1} - 1$，存在 $E_{\lambda_w}^{c^2_{\theta_w}} > 0$、$E_{\lambda_w}^{c^2_{\xi_w}} \geqslant 0$、$E_{\lambda_w}^{c^2_{\lambda_w}} < 0$ 同時成立，則度量誤差隨監管資本變動趨勢存在三種可能性：①若 $\Delta c^2_{\theta_w}\sigma^2_{\theta_w} + \Delta c^2_{\xi_w}\sigma^2_{\xi_w} > \Delta c^2_{\lambda_w}\sigma^2_{\lambda_w}$，隨監管資本遞增，度量誤差遞增，反之亦然。隨頻數參數遞增 $\Delta\lambda$，$c^2_{\theta_w}$、$c^2_{\xi_w}$ 使 σ_{OpVaR} 遞增 $\Delta c^2_{\theta_w}\sigma^2_{\theta_w}$、$\Delta c^2_{\xi_w}\sigma^2_{\xi_w}$，$c^2_{\lambda_w}$ 使 σ_{OpVaR} 遞減 $\Delta c^2_{\lambda_w}\sigma^2_{\lambda_w}$，存在 $E_{\lambda_w}^{\sigma_{\mathrm{OpVaR}}} > 0$。又因 $E_{\lambda_w}^{\mathrm{OpVaR}} > 0$，所以隨監管資本遞增，$\sigma_{\mathrm{OpVaR}}$ 遞增，度量誤差遞增，反之亦然。②若 $\Delta c^2_{\theta_w}\sigma^2_{\theta_w} + \Delta c^2_{\xi_w}\sigma^2_{\xi_w} = \Delta c^2_{\lambda_w}\sigma^2_{\lambda_w}$，無論監管資本怎麼變動，度量誤差都不變。③若 $\Delta c^2_{\theta_w}\sigma^2_{\theta_w} + \Delta c^2_{\xi_w}\sigma^2_{\xi_w} < \Delta c^2_{\lambda_w}\sigma^2_{\lambda_w}$，隨監管資本遞增，度量誤差遞減，反之亦然。

在區域Ⅱ，隨監管資本遞增，度量誤差變動趨勢呈現出從遞增到不變再到遞減的變化過程，在狀態點 $\Delta c^2_{\theta_w}\sigma^2_{\theta_w} + \Delta c^2_{\xi_w}\sigma^2_{\xi_w} = \Delta c^2_{\lambda_w}\sigma^2_{\lambda_w}$ 處，操作風險度量誤差變動趨勢發生逆轉。

（3）在區域Ⅲ, $\exp(-\xi_w) < \ln[\lambda_w/(1-\alpha)]$ 且 $\ln[\lambda_w/(1-\alpha)] > \xi_w^{-1} - 1$，存在 $E_{\lambda_w}^{c^2_{\theta_w}} > 0$、$E_{\lambda_w}^{c^2_{\xi_w}} < 0$、$E_{\lambda_w}^{c^2_{\lambda_w}} < 0$ 同時成立。同理，度量誤差隨監管資本變動趨勢存在三種可能性：①若 $\Delta c^2_{\theta_w}\sigma^2_{\theta_w} > \Delta c^2_{\xi_w}\sigma^2_{\xi_w} + \Delta c^2_{\lambda_w}\sigma^2_{\lambda_w}$，隨監管資本遞增，度量誤差遞增，反之亦然。②若 $\Delta c^2_{\theta_w}\sigma^2_{\theta_w} = \Delta c^2_{\xi_w}\sigma^2_{\xi_w} + \Delta c^2_{\lambda_w}\sigma^2_{\lambda_w}$，無論監管資本怎麼變動，度量誤差不變。③若 $\Delta c^2_{\theta_w}\sigma^2_{\theta_w} < \Delta c^2_{\xi_w}\sigma^2_{\xi_w} + \Delta c^2_{\lambda_w}\sigma^2_{\lambda_w}$，隨監管資本遞增，$\sigma_{\mathrm{OpVaR}}$ 遞減，度量誤差遞減，反之亦然。

在區域Ⅲ，度量誤差的變動趨勢呈現出從遞增到不變再到遞減的變化過程，在風險狀態點 $\Delta c^2_{\theta_w}\sigma^2_{\theta_w} = \Delta c^2_{\xi_w}\sigma^2_{\xi_w} + \Delta c^2_{\lambda_w}\sigma^2_{\lambda_w}$，操作風險度量誤差變動趨勢發生逆轉。

（4）區域Ⅳ, $\exp(-\xi_w) < \ln[\lambda_w/(1-\alpha)]$ 且 $0 < \ln[\lambda_w/(1-\alpha)] \leqslant \xi_w^{-1} - 1$，存在 $E_{\lambda_w}^{c^2_{\theta_w}} > 0$、$E_{\lambda_w}^{c^2_{\xi_w}} < 0$、$E_{\lambda_w}^{c^2_{\lambda_w}} \geqslant 0$ 同時成立。同理，度量誤差隨監管資本變動趨勢存在三種可能性：①若 $\Delta c^2_{\theta_w}\sigma^2_{\theta_w} + \Delta c^2_{\lambda_w}\sigma^2_{\lambda_w} > \Delta c^2_{\xi_w}\sigma^2_{\xi_w}$，隨監管資本遞增，

度量誤差遞增，反之亦然。②若 $\Delta c_{\theta_w}^2 \sigma_{\theta_w}^2 + \Delta c_{\lambda_w}^2 \sigma_{\lambda_w}^2 = \Delta c_{\xi_w}^2 \sigma_{\xi_w}^2$，無論隨監管資本怎麼變動，度量誤差都不變。③若 $\Delta c_{\theta_w}^2 \sigma_{\theta_w}^2 + \Delta c_{\lambda_w}^2 \sigma_{\lambda_w}^2 < \Delta c_{\xi_w}^2 \sigma_{\xi_w}^2$，隨監管資本遞增，度量誤差遞減，反之亦然。

在區域Ⅳ，度量誤差的變動趨勢呈現出從遞增到不變再到遞減的變化過程，在風險狀態點 $\Delta c_{\theta_w}^2 \sigma_{\theta_w}^2 + \Delta c_{\lambda_w}^2 \sigma_{\lambda_w}^2 = \Delta c_{\xi_w}^2 \sigma_{\xi_w}^2$，操作風險度量誤差變動趨勢會發生逆轉。

在頻數參數影響下，隨監管資本遞增，在圖 5-2 區域 Ⅰ，度量誤差遞增，但是，從圖 5-2 區域Ⅱ、區域Ⅲ到區域Ⅳ，度量誤差變動趨勢不僅在每兩區域之間邊界位置會發生逆轉，而且在區域內部狀態點區域Ⅱ $\Delta c_{\theta_w}^2 \sigma_{\theta_w}^2 + \Delta c_{\xi_w}^2 \sigma_{\xi_w}^2 = \Delta c_{\lambda_w}^2 \sigma_{\lambda_w}^2$、區域Ⅲ $\Delta c_{\theta_w}^2 \sigma_{\theta_w}^2 = \Delta c_{\xi_w}^2 \sigma_{\xi_w}^2 + \Delta c_{\lambda_w}^2 \sigma_{\lambda_w}^2$ 以及區域Ⅳ $\Delta c_{\theta_w}^2 \sigma_{\theta_w}^2 + \Delta c_{\lambda_w}^2 \sigma_{\lambda_w}^2 = \Delta c_{\xi_w}^2 \sigma_{\xi_w}^2$ 也會發生逆轉，度量誤差變動趨勢呈現出顯著的不確定性，其變動趨勢曲線存在多個極值風險狀態點：區域Ⅱ $\Delta c_{\theta_w}^2 \sigma_{\theta_w}^2 + \Delta c_{\xi_w}^2 \sigma_{\xi_w}^2 = \Delta c_{\lambda_w}^2 \sigma_{\lambda_w}^2$（圖 5-2）、區域Ⅲ $\Delta c_{\theta_w}^2 \sigma_{\theta_w}^2 = \Delta c_{\xi_w}^2 \sigma_{\xi_w}^2 + \Delta c_{\lambda_w}^2 \sigma_{\lambda_w}^2$（圖 5-2）以及區域Ⅳ $\Delta c_{\theta_w}^2 \sigma_{\theta_w}^2 + \Delta c_{\lambda_w}^2 \sigma_{\lambda_w}^2 = \Delta c_{\xi_w}^2 \sigma_{\xi_w}^2$（圖 5-2）。

綜合上述命題 W5-1 至命題 W5-3 所得結果可知，隨著操作風險增大，監管資本遞增，在尺度參數影響下，度量誤差增大，意味著監管遺漏風險暴露程度增大；在形狀參數和頻數參數影響下，度量誤差變動呈現出顯著的不確定性，其變動趨勢曲線存在多個極值風險狀態點，這意味著監管遺漏風險暴露程度變動趨勢存在極值風險狀態點，其波動具有很高的敏感性。

5.2.2 實例檢驗及結果分析

由於操作損失數據的機密性，目前沒有公開的操作損失專業數據庫可供研究，因此，本書根據已有文獻實證擬合所得操作損失分佈的特徵參數值，檢驗理論模型。Dionne 和 Dahen（2008）以巴塞爾協議規定的操作損失分類為標準，在以損失分佈法度量加拿大某銀行的六類操作損失（內部詐欺，外部詐欺，就業政策和工作場所安全性，客戶、產品及業務操作，實體資產損壞，執行、交割及流程管理）的操作風險價值的過程中，以 Weibull 分佈擬合了操作損失強度，以 Poisson 分佈擬合了操作損失頻數，得到操作損失分佈特徵參數值如表 5-1 所示。本書以此為依據，驗證前述命題。由於命題 W5-1 有確定性結論，因此僅需分析命題 W5-2 和命題 W5-3。

根據巴塞爾協議要求，設 $\alpha = 99.9\%$。由命題 W5-2 決定監管資本與其度量誤差變動方向的邊界條件，得表 5-1。

表 5-1　在形狀參數影響下，決定監管資本及其度量誤差變動方向的邊界條件

	λ_w	ξ_w	$\ln[\lambda_w/(1-\alpha)]$	$e^{-2\xi_w}$	$e^{-\xi_w}$
IF	0.515,9	0.59	6.245,9	0.307,3	0.554,3
DPA	0.337,6	0.52	5.821,9	0.353,5	0.594,5
EPWS	0.617,0	0.57	6.424,9	0.319,8	0.565,5
EF	141.261,1	0.82	11.858,4	0.194,0	0.440,4
CPBP	3.242,0	1.30E-06	8.083,9	1.000,0	1.000,0
EDPM	9.853,5	3.47E-07	9.195,6	1.000,0	1.000,0

由表 5-1 可知：

(1) $\ln[\lambda_w/(1-\alpha)] > 0$，則 $\text{OpVaR}_{\Delta t}(\alpha)_w > 0$，式（3-4）有意義。這表明金融機構業務活動正常，這是商業銀行操作風險的一般狀態。式（3-4）是命題 W5-1～命題 W5-3 的理論基礎和邏輯起點，實例驗證式（3-4）成立，意味著該實例符合命題 W5-1～命題 W5-3 的應用條件，命題具有實踐意義。

(2) 隨監管資本遞增，監管遺漏風險暴露程度遞增。對於操作損失類型 CPBP、EDPM、DPA、EPWS、IF、EF，存在 $\ln[\lambda_w/(1-\alpha)] > 1$，其操作風險狀態位於圖 5-1 區域Ⅳ，即存在 $E_{\xi_w}^{\text{OpVaR}} < 0$ 且 $E_{\xi_w}^{\sigma_{\text{OpVaR}}} < 0$，因此，隨著形狀參數減小，監管資本遞增，度量誤差遞增，監管遺漏風險暴露程度增大，反之亦然。

針對該實例，命題 W5-2 有效。在形狀參數影響下，隨著操作風險增大，監管資本遞增，度量誤差遞增，其監管遺漏風險暴露程度隨之增大。

根據表 5-1 和命題 W5-3，設 $\alpha = 99.9\%$，得表 5-2。

表 5-2　在頻數參數影響下，決定監管資本及其度量誤差變動方向的邊界條件

	λ_w	ξ_w	$\ln[\lambda_w/(1-\alpha)]$	$e^{-\xi_w}$	$\xi_w^{-1}-1$
IF	0.515,9	0.59	6.245,9	0.554,3	0.694,9
DPA	0.337,6	0.52	5.821,9	0.594,5	0.923,1
EPWS	0.617,0	0.57	6.424,9	0.565,5	0.754,4
EF	141.261,1	0.82	11.858,4	0.440,4	0.219,5
CPBP	3.242,0	1.30E-06	8.083,9	1.000,0	769,229.769,2
EDPM	9.853,5	3.47E-07	9.195,6	1.000,0	2,881,843.380,4

由表 5-2 可知，不同操作損失類型的風險狀態位於圖 5-2 不同區域：

（1）對於操作損失類型 DPA、EPWS、IF、EF，存在 $\exp(-\xi_w) < \ln[\lambda_w/(1-\alpha)]$ 且 $\ln[\lambda_w/(1-\alpha)] > \xi_w^{-1}-1$，其風險狀態位於圖 5-2 區域Ⅲ。由命題 W5-3 可知，存在 $E_{\lambda_w}^{c_{\xi_w}^2} < 0$ 且 $E_{\lambda_w}^{c_{\lambda_w}^2} < 0$ 成立，因此，隨監管資本遞增，度量誤差變動趨勢存在三種可能性：若 $\Delta c_{\theta_w}^2 \sigma_{\theta_w}^2 > \Delta c_{\xi_w}^2 \sigma_{\xi_w}^2 + \Delta c_{\lambda_w}^2 \sigma_{\lambda_w}^2$，則度量誤差遞增；若 $\Delta c_{\theta_w}^2 \sigma_{\theta_w}^2 = \Delta c_{\xi_w}^2 \sigma_{\xi_w}^2 + \Delta c_{\lambda_w}^2 \sigma_{\lambda_w}^2$，則度量誤差不變；若 $\Delta c_{\theta_w}^2 \sigma_{\theta_w}^2 < \Delta c_{\xi_w}^2 \sigma_{\xi_w}^2 + \Delta c_{\lambda_w}^2 \sigma_{\lambda_w}^2$，則度量誤差遞減。可見，隨著操作風險變動，DPA、EPWS、IF 以及 EF 度量誤差會發生顯著變化，且存在極值風險狀態點。

（2）對於操作損失類型 CPBP、EDPM，存在 $\exp(-\xi_w) < \ln[\lambda_w/(1-\alpha)]$ 且 $0 < \ln[\lambda_w/(1-\alpha)] \leqslant \xi_w^{-1}-1$，其風險狀態位於圖 5-2 區域Ⅳ。由命題 W5-3 可知，存在 $E_{\lambda_w}^{c_{\xi_w}^2} < 0$ 且 $E_{\lambda_w}^{c_{\lambda_w}^2} \geqslant 0$ 成立，因此，隨監管資本遞增，度量誤差變動趨勢存在三種可能性：若 $\Delta c_{\theta_w}^2 \sigma_{\theta_w}^2 + \Delta c_{\lambda_w}^2 \sigma_{\lambda_w}^2 > \Delta c_{\xi_w}^2 \sigma_{\xi_w}^2$，則度量誤差遞增；若 $\Delta c_{\theta_w}^2 \sigma_{\theta_w}^2 + \Delta c_{\lambda_w}^2 \sigma_{\lambda_w}^2 = \Delta c_{\xi_w}^2 \sigma_{\xi_w}^2$，則度量誤差不變；若 $\Delta c_{\theta_w}^2 \sigma_{\theta_w}^2 + \Delta c_{\lambda_w}^2 \sigma_{\lambda_w}^2 < \Delta c_{\xi_w}^2 \sigma_{\xi_w}^2$，則度量誤差遞減。可見，隨著操作風險變動，CPBP 和 EDPM 度量誤差會發生顯著變化，且存在極值風險狀態點。

針對該實例，命題 W5-3 有效。在頻數參數影響下，DPA、EPWS、IF 以及 EF 風險狀態位於圖 5-2 區域Ⅲ，CPBP 和 EDPM 風險狀態位於圖 5-2 區域Ⅳ，隨著監管資本變動，度量誤差變動靈敏度以及變動方向呈現出顯著的不確定性，其變動趨勢呈現出極強的不確定性，其變動趨勢曲線存在極值風險狀態點。這意味著在監管資本點估計值要求方式下，隨著操作風險變動，監管遺漏

風險暴露程度變動存在多個極值風險狀態點，其變動趨勢表現出顯著的敏感性。

5.3　Pareto 分佈下監管遺漏風險變化特徵

5.3.1　理論模型

將式（3-6）代入定義 5-1，可得分佈特徵參數的誤差傳播系數 c_{θ_p}、c_{ξ_p} 和 c_{λ_p} 分別為

$$c_{\theta_p} = \frac{1}{\xi_p}\left[\left(\frac{\lambda_p}{1-\alpha}\right)^{\xi_p} - 1\right] \tag{5-12}$$

$$c_{\xi_p} = \frac{\theta_p}{\xi_p^2}\left(\frac{\lambda_p}{1-\alpha}\right)^{\xi_p}\ln\left(\frac{\lambda_p}{1-\alpha}\right)^{\xi_p} - \frac{\theta_p}{\xi_p^2}\left[\left(\frac{\lambda_p}{1-\alpha}\right)^{\xi_p} - 1\right] \tag{5-13}$$

$$c_{\lambda_p} = \frac{\theta_p}{\lambda_p}\left(\frac{\lambda_p}{1-\alpha}\right)^{\xi_p} \tag{5-14}$$

將式（3-6）和式（5-12）~式（5-14）代入定義 5-2，可得 OpVaR $(\alpha)_p$、$c_{\theta_p}^2$、$c_{\xi_p}^2$、$c_{\lambda_p}^2$ 相對於 θ_p、ξ_p、λ_p 變動的靈敏度，進一步可得命題 P5-1~命題 P5-3。由此通過分析度量誤差隨監管資本變動規律，可知操作風險監管遺漏風險暴露變化的特徵。

命題 P5-1　在前述假定下，存在 $E_{\theta_p}^{\mathrm{OpVaR}} = 1$，$E_{\theta_p}^{c_{\theta_p}^2} = 0$，$E_{\theta_p}^{c_{\xi_p}^2} = 2$，$E_{\theta_p}^{c_{\lambda_p}^2} = 2$。

證明　將式（3-6）定義 5-2，可得 $E_{\theta_p}^{\mathrm{OpVaR}} = 1$。將式（5-12）代入定義 5-2，可得 $E_{\theta_p}^{c_{\theta_p}^2} = 0$，將式（5-13）代入定義 5-2，可得 $E_{\theta_p}^{c_{\xi_p}^2} = 2$，將式（5-14）代入定義 5-2，可得 $E_{\theta_p}^{c_{\lambda_p}^2} = 2$。

由式（5-1）可知 σ_{OpVaR} 變動趨勢由 $c_{\theta_p}^2$、$c_{\xi_p}^2$、$c_{\lambda_p}^2$ 變動趨勢共同決定，因而由 $E_{\theta_p}^{c_{\theta_p}^2} = 0$、$E_{\theta_p}^{c_{\xi_p}^2} = 2$ 及 $E_{\theta_p}^{c_{\lambda_p}^2} = 2$ 可知 $E_{\theta_p}^{\sigma_{\mathrm{OpVaR}}} > 0$。又因 $E_{\theta_p}^{\mathrm{OpVaR}} = 1 > 0$，因此，在尺度參數影響下，隨監管資本遞增，$\sigma_{\mathrm{OpVaR}}$ 遞增，度量誤差遞增，反之亦然。

命題 P5-2　在前述假定下，存在 $E_{\xi_p}^{\mathrm{OpVaR}} > 0$，$E_{\xi_p}^{c_{\theta_p}^2} > 0$，$E_{\xi_p}^{c_{\xi_p}^2} > 0$，$E_{\xi_p}^{c_{\lambda_p}^2} > 0$。

證明　將式（3-6）代入定義 5-2，可得

$$E_{\xi_p}^{\mathrm{OpVaR}} = \frac{\left(\dfrac{\lambda_p}{1-\alpha}\right)^{\xi_p}}{\left(\dfrac{\lambda_p}{1-\alpha}\right)^{\xi_p} - 1} \times ln\left(\frac{\lambda_p}{1-\alpha}\right)^{\xi_p} - 1 \tag{5-15}$$

根據式（5-15），令 $t = \left(\dfrac{\lambda_p}{1-\alpha}\right)^{\xi_p}$，則 $E_{\xi_p}^{\mathrm{OpVaR}} = \dfrac{t\ln t - t + 1}{t - 1}$；記 $f(t) = t\ln t - t + 1$，則 $f'(t) = \ln t$，因 $t > 1$，則 $f'(t) > 0$，又因 $f(1) = 0$，則 $f(t) > 0$，所以 $E_{\xi_p}^{\mathrm{OpVaR}} > 0$。將式（5-12）代入定義 5-2，可得

$$E_{\xi_p}^{c_{\theta_p}^2} = \frac{2\left(\dfrac{\lambda_p}{1-\alpha}\right)^{\xi_p}}{\left(\dfrac{\lambda_p}{1-\alpha}\right)^{\xi_p} - 1} \times \ln\left(\frac{\lambda_p}{1-\alpha}\right)^{\xi_p} - 2 \tag{5-16}$$

由式（5-16）知，$E_{\xi_p}^{c_{\theta_p}^2} = 0.5E_{\xi_p}^{\mathrm{OpVaR}} > 0$。將式（5-13）代入定義 5-2，可得

$$E_{\xi_p}^{c_{\xi_p}^2} = \frac{2\left(\dfrac{\lambda_p}{1-\alpha}\right)^{\xi_p}\left[\ln\left(\dfrac{\lambda_p}{1-\alpha}\right)^{\xi_p}\right]^2}{\left(\dfrac{\lambda_p}{1-\alpha}\right)^{\xi_p}\ln\left(\dfrac{\lambda_p}{1-\alpha}\right)^{\xi_p} - \left(\dfrac{\lambda_p}{1-\alpha}\right)^{\xi_p} + 1} - 4 \tag{5-17}$$

根據式（5-17），有 $E_{\xi_p}^{c_{\xi_p}^2} = \dfrac{2t(\ln t)^2 - 4(t\ln t - t + 1)}{t\ln t - t + 1}$，記 $h(t) = 2t(\ln t)^2 - 4(t\ln t - t + 1)$，因 $t > 1$，則 $h'(t) = 2(\ln t)^2 > 0$，$h(t) > h(1) = 0$，又因 $t\ln t - t + 1 > 0$，所以 $E_{\xi_p}^{c_{\xi_p}^2} > 0$。將式（5-14）代入定義 5-2，可得

$$E_{\xi_p}^{c_{\lambda_p}^2} = \ln\left(\frac{\lambda_p}{1-\alpha}\right)^{2\xi_p} \tag{5-18}$$

因 $\left(\dfrac{\lambda_p}{1-\alpha}\right)^{\xi_p} > 1$，則由式（5-18）可得 $E_{\xi_p}^{c_{\lambda_p}^2} > 0$。

根據命題 P5-2，由式（5-1）可知 $E_{\theta_p}^{\sigma_{\mathrm{OpVaR}}} > 0$，因此，在形狀參數影響下，隨監管資本遞增，$\sigma_{\mathrm{OpVaR}}$ 遞增，度量誤差遞增，反之亦然。

根據命題 P5-1 和命題 P5-2 的研究結果發現，在損失強度分佈特徵參數尺度參數和形狀參數影響下存在一般規律：隨監管資本遞增，度量誤差遞增，反之亦然。由此可見，隨著操作風險增大，要求計提的監管資本越多，監管所遺漏的風險也增大。

命題 P5-3　在前述假定下，存在 $E_{\lambda_p}^{\mathrm{OpVaR}} > 0$，$E_{\lambda_p}^{c_{\theta}^2} > 0$，$E_{\lambda_p}^{c_{\xi}^2} > 0$；當 $\xi_p \geqslant 1$ 時，$E_{\lambda_p}^{c_{\lambda}^2} \geqslant 0$，反之，$E_{\lambda_p}^{c_{\lambda}^2} < 0$。

證明　將式（3-6）代入定義 5-2 可得

$$E_{\lambda_p}^{\mathrm{OpVaR}} = \frac{\left(\dfrac{\lambda_p}{1-\alpha}\right)^{\xi_p}}{\left(\dfrac{\lambda_p}{1-\alpha}\right)^{\xi_p} - 1} \times \xi_p \tag{5-19}$$

根據式（5-19），因 $t = \left(\dfrac{\lambda_p}{1-\alpha}\right)^{\xi_p} > 1$ 且 $\xi_p > 0$，所以 $E_{\lambda_p}^{\mathrm{OpVaR}} > 0$。將式（5-12）代入定義 5-2 可得

$$E_{\lambda_p}^{c_{\theta}^2} = \frac{2\xi_p\left(\dfrac{\lambda_p}{1-\alpha}\right)^{\xi_p}}{\left(\dfrac{\lambda_p}{1-\alpha}\right)^{\xi_p} - 1} \tag{5-20}$$

由式（5-20）可知 $E_{\lambda_p}^{c_{\theta}^2} > 0$。將式（5-13）代入定義 5-2 可得

$$E_{\lambda_p}^{c_{\xi}^2} = \frac{2\xi_p\left(\dfrac{\lambda_p}{1-\alpha}\right)^{\xi_p}\ln\left(\dfrac{\lambda_p}{1-\alpha}\right)^{\xi_p}}{\left(\dfrac{\lambda_p}{1-\alpha}\right)^{\xi_p}\ln\left(\dfrac{\lambda_p}{1-\alpha}\right)^{\xi_p} - \left(\dfrac{\lambda_p}{1-\alpha}\right)^{\xi_p} + 1} \tag{5-21}$$

根據式（5-21），因 $t > 1$ 且 $t\ln t - t + 1 > 0$，則 $E_{\lambda_p}^{c_{\xi}^2} > 0$。將式（5-13）代入定義 5-2 可得

$$E_{\lambda_p}^{c_{\lambda}^2} = 2(\xi_p - 1) \tag{5-22}$$

根據式（5-22），當 $\xi_p \geqslant 1$ 時，$E_{\lambda_p}^{c_{\lambda}^2} \geqslant 0$；反之，$E_{\lambda_p}^{c_{\lambda}^2} < 0$。

由命題 P5-3 可知，在頻數參數影響下，$c_{\lambda_p}^2$ 變動趨勢存在兩種可能性，這必然導致度量誤差變動趨勢存在多種可能性。因此，隨著監管資本變動，度量誤差變動趨勢存在不確定性。

當 $\xi \geqslant 1$ 時，隨頻數參數遞增，$c_{\theta_p}^2$、$c_{\xi_p}^2$、$c_{\lambda_p}^2$ 都遞增，則存在 $E_{\lambda_p}^{\sigma_{\mathrm{OpVaR}}} > 0$，即隨頻數參數遞增，度量誤差越大，反之亦然。又因為 $E_{\lambda_p}^{\mathrm{OpVaR}} > 0$，所以隨監管資本遞增，度量誤差越大，反之亦然。

當 $\xi < 1$ 時，存在 $E_{\lambda_p}^{\mathrm{OpVaR}} > 0$、$E_{\lambda_p}^{c_{\theta}^2} > 0$、$E_{\lambda_p}^{c_{\xi}^2} > 0$、$E_{\lambda_p}^{c_{\lambda}^2} < 0$ 同時成立。根據式（5-1），σ_{OpVaR} 由誤差傳播系數 $c_{\theta_p}^2$、$c_{\xi_p}^2$、$c_{\lambda_p}^2$ 和分佈特徵參數的方差 $\sigma_{\theta_p}^2$、$\sigma_{\xi_p}^2$、

$\sigma^2_{\lambda_p}$ 共同決定，因此，度量誤差隨監管資本變動趨勢存在三種可能性：①若 $\Delta c^2_{\theta_p}\sigma^2_{\theta_p} + \Delta c^2_{\xi_p}\sigma^2_{\xi_p} > \Delta c^2_{\lambda_p}\sigma^2_{\lambda_p}$，隨監管資本遞增，度量誤差遞增，反之亦然。隨頻數參數遞增，$c^2_{\theta_p}$、$c^2_{\xi_p}$ 遞增而使監管資本方差增加的量大於因 $c^2_{\lambda_p}$ 遞減而使監管資本方差遞減的量，存在 $E^{\mathrm{OpVaR}}_{\lambda_p} > 0$，因此，隨監管資本遞增，$\sigma_{\mathrm{OpVaR}}$ 遞增，度量誤差遞增，反之亦然。②若 $\Delta c^2_{\theta_p}\sigma^2_{\theta_p} + \Delta c^2_{\xi_p}\sigma^2_{\xi_p} = \Delta c^2_{\lambda_p}\sigma^2_{\lambda_p}$，無論監管資本如何變動，度量誤差都不變。③若 $\Delta c^2_{\theta_p}\sigma^2_{\theta_p} + \Delta c^2_{\xi_p}\sigma^2_{\xi_p} < \Delta c^2_{\lambda_p}\sigma^2_{\lambda_p}$，隨監管資本遞增，度量誤差遞減，反之亦然。

由上述分析可知，在頻數參數影響下，當 $\xi_p \geqslant 1$ 時，隨監管資本遞增，度量誤差遞增；當 $\xi < 1$ 時，隨監管資本遞增，度量誤差變動趨勢呈現出從遞增到不變再到遞減的變化過程，在狀態點 $\Delta c^2_{\theta_w}\sigma^2_{\theta_w} + \Delta c^2_{\lambda_w}\sigma^2_{\lambda_w} = \Delta c^2_{\xi_w}\sigma^2_{\xi_w}$ 處，操作風險度量誤差變動趨勢發生逆轉。

綜合上述命題 P5-1～命題 P5-3 的研究結果可知，當操作損失強度為 Pareto 分佈時，在損失強度分佈特徵參數影響下，隨監管資本遞增，操作風險度量誤差遞增，在損失頻數分佈影響下，隨監管資本變動，度量誤差變動趨勢呈現出從遞增到不變再到遞減的變動過程，操作風險度量誤差在狀態點 $\Delta c^2_{\theta_w}\sigma^2_{\theta_w} + \Delta c^2_{\lambda_w}\sigma^2_{\lambda_w} = \Delta c^2_{\xi_w}\sigma^2_{\xi_w}$（當 $\xi < 1$ 時）發生了逆轉，度量誤差變動趨勢呈現出顯著不確定性，其變動趨勢曲線存在極值風險狀態點：$\Delta c^2_{\theta_w}\sigma^2_{\theta_w} + \Delta c^2_{\lambda_w}\sigma^2_{\lambda_w} = \Delta c^2_{\xi_w}\sigma^2_{\xi_w}$（當 $\xi < 1$ 時）。

5.3.2 實例檢驗結果及分析

由於操作損失數據的機密性，目前還沒有公開的操作損失專業數據庫可供研究，因此，本書根據已有文獻實證擬合所得操作損失分佈的特徵參數值，對上述理論進行檢驗。到目前為止，在所有對巴塞爾委員會收集的操作損失數據的研究中，唯有 Moscadelli（2004）的實證研究全面地對業務線 BL1～BL8 操作損失頻數分佈和損失強度分佈進行了擬合，並估計了特徵參數值，如表 5-3 所示。根據 BASEL Ⅱ 定量標準規定，在以下實例分析中，設 $\alpha = 99.9\%$。

根據命題 5-1，監管資本及其度量誤差相對於尺度參數的靈敏度為常數，因此，驗證命題 P5-2，當形狀參數變動時，度量誤差隨監管資本變動的趨勢。假設 $\alpha = 99.9\%$，得表 5-3。

表 5-3　　形狀參數變動對監管資本及其度量誤差的影響

業務線	λ_p	θ_p	ξ_p	$(\frac{\lambda_p}{1-\alpha})^{\xi_p}$	$E_{\xi_p}^{OpVaR}$	$E_{\xi_p}^{c^2_{\xi_p}}$	$E_{\xi_p}^{c^2_{\theta_p}}$	$E_{\xi_p}^{c^2_{\lambda_p}}$
BL1	1.80	774	1.19	7,477.807,5	7.920,9	20.180,8	15.841,8	17.839,4
BL2	7.40	254	1.17	33,651.243,0	9.424,1	24.010,8	18.848,2	20.847,6
BL3	13.00	233	1.01	14,291.664,0	8.568,1	17.606,2	17.136,2	19.134,8
BL4	4.70	412	1.39	127,120.630,0	10.753,0	36.989,8	21.506,0	23.505,8
BL5	3.92	107	1.23	26,287.051,0	9.177,2	25.064,2	18.354,4	20.353,6
BL6	4.29	243	1.22	27,014.560,0	9.204,5	24.853,8	18.409,0	20.408,2
BL7	2.60	314	0.85	799.332,3	5.692,1	9.957,8	11.384,2	13.367,6
BL8	8.00	124	0.98	6,683.873,0	7.808,8	15.464,8	15.617,6	17.615,0

註：①表中參數 μ、ξ、θ 的數值來自文獻 Moscadelli（2004）；②業務線 BL1～BL8 的分類是以 BASEL Ⅱ 為分類標準

由表 5-3 可知：

（1）$\lambda_p/(1-\alpha)>1$ 且 $[\lambda_p/(1-\alpha)]^{\xi_p}>1$，本實例符合本書理論應用的假設條件，因此，前述分析所得理論是建立在現實的基礎上，具有實踐意義。

（2）業務線 BL1～BL8 操作損失強度分佈具有顯著重尾性，即操作風險具有顯著重尾性。統計學一般用厚尾來描述分佈尾部厚度，即隨機變量的峰度大於 3，則稱隨機變量對應分佈為厚尾分佈。但是，當該分佈的三階矩趨於無窮大時，隨機變量不存在峰度，此時無法用厚尾來描述該分佈尾部狀態，只能採用重尾來刻畫。存在 $\xi>1/3$，所有業務線損失分佈都不存在峰度，因此，只能用重尾來定義，不能用厚尾來定義。這意味著，所有業務線損失分佈比一般的能夠用厚尾來定義的分佈都要厚尾得多。

（3）隨監管資本遞增，度量誤差越大，反之亦然。一方面，$E_{\xi_p}^{OpVaR}>0$，表明隨形狀參數遞增，監管資本遞增，反之亦然；另一方面，$E_{\xi_p}^{c^2_{\theta_p}}>0$，$E_{\xi_p}^{c^2_{\xi_p}}>0$，$E_{\xi_p}^{c^2_{\lambda_p}}>0$，因此有 $E_{\xi_p}^{\sigma_{OpVaR}}>0$，表明隨形狀參數遞增，度量誤差越大，反之亦然，因此，隨監管資本遞增，度量誤差越大，反之亦然。

上述分析表明，本書所得命題具有實踐意義，該實例所有業務線損失強度分佈均具有重尾性，在形狀參數影響下，隨監管資本遞增，度量誤差遞增。

驗證命題 P5-3，當頻數參數變動時，度量誤差隨監管資本變動的趨勢。假設 $\alpha = 99.9\%$，可得表 5-4。

表 5-4　　頻數參數變動對監管資本及其度量誤差的影響

業務線	$E_{\lambda_p}^{\mathrm{OpVaR}}$	$E_{\xi_p}^{c_{\xi_p}^2}$	$E_{\xi_p}^{c_{\theta_p}^2}$	$E_{\xi_p}^{c_{\lambda_p}^2}$
BL1	1. 190, 2	2. 680, 4	2. 380, 4	0. 380, 0
BL2	1. 170, 0	2. 588, 2	2. 340, 0	0. 340, 0
BL3	1. 010, 1	2. 255, 8	2. 020, 2	0. 020, 0
BL4	1. 390, 0	3. 038, 6	2. 780, 0	0. 780, 0
BL5	1. 230, 0	2. 728, 0	2. 460, 0	0. 460, 0
BL6	1. 220, 0	2. 705, 0	2. 440, 0	0. 440, 0
BL7	0. 851, 1	1. 998, 6	1. 702, 2	-0. 300, 0
BL8	0. 980, 1	2. 211, 0	1. 960, 2	-0. 040, 0

由表 5-4 可知，損失強度分佈形狀參數變動範圍在 0. 85~1. 39，其三階矩都不存在，其厚尾程度僅僅比冪分佈（當 $\xi_p = 1$ 時）略薄（BL7~BL8）或略厚（業務線 BL1~BL6），但是，其度量誤差變動趨勢卻有完全不同的兩種情況。

（1）隨監管資本遞增，度量誤差遞增，反之亦然。對於業務線 BL1~BL6，存在 $\xi_p > 1$，則有 $E_{\lambda_p}^{c_{\lambda_p}^2} > 0$，因此，隨著頻數參數遞增，監管資本遞增，度量誤差 $\sigma_{\mathrm{OpVaR}}^2$ 遞增，反之亦然。

（2）隨著監管資本變動，度量誤差變動非常敏感，其變動趨勢存在著多個極值狀態點。對業務線 BL7~BL8，因為 $\xi_p < 1$，所以隨著監管資本遞增，度量誤差可能呈現出遞增（當 $\Delta c_{\theta_p}^2 \sigma_{\theta_p}^2 + \Delta c_{\xi_p}^2 \sigma_{\xi_p}^2 < \Delta c_{\lambda_p}^2 \sigma_{\lambda_p}^2$ 時）、不變（當 $\Delta c_{\theta_p}^2 \sigma_{\theta_p}^2 + \Delta c_{\xi_p}^2 \sigma_{\xi_p}^2 = \Delta c_{\lambda_p}^2 \sigma_{\lambda_p}^2$ 時）和遞減（當 $\Delta c_{\theta_p}^2 \sigma_{\theta_p}^2 + \Delta c_{\xi_p}^2 \sigma_{\xi_p}^2 > \Delta c_{\lambda_p}^2 \sigma_{\lambda_p}^2$ 時）三種可能性，其變動趨勢線是一條存在多個極值狀態點的曲線。

上述實例分析表明，在頻數參數影響下，隨監管資本遞增，針對業務線 BL1~BL6，其度量誤差增大，針對業務線 BL7~BL8，度量誤差變動趨勢線存在著多個極值狀態點。

實例分析驗證了命題 P5-2 和命題 P5-3 的有效性。在由操作損失強度分佈和損失頻數分佈複合而成的複合分佈下，度量重尾性操作風險，在形狀參數影響下，隨監管資本遞增，度量誤差增大，這表明在複合分佈下，形狀參數對監管資本及其度量誤差的影響仍然符合單一重尾分佈的一般規律。但是，在頻數參數影響下，隨監管資本遞增，度量誤差變動趨勢存在不確定性。

進一步地，綜合分析命題 P5-1～命題 P5-3 結論可知，隨監管資本遞增，當 $\xi_p < 1$ 時，度量誤差變動趨勢呈現出不確定性，當 $\xi_p > 1$ 時，度量誤差變大，顯然，$\xi_p = 1$ 為操作風險重尾性發生突變的臨界點。在此狀態臨界點 $\xi_p = 1$ 之前（$\xi_p < 1$），損失頻數參數的遞增，可能使操作風險重尾性增強，也可能使操作風險重尾性減弱。在此狀態臨界點 $\xi_p = 1$ 之後（$\xi_p > 1$），損失頻數參數的遞增，使操作風險重尾性增強，因而度量誤差隨監管資本遞增而增大。由此可見，隨形狀參數遞增，操作風險增大，監管資本度量誤差變動趨勢將由不確定變得確定。

5.4 本章小結

本章假設操作損失強度為重尾性極值模型 Weibull 分佈和 Pareto 分佈，對操作風險絕對誤差隨監管資本變動規律進行了系統研究。根據第 3 章操作風險監管資本 OpVaR(α) 度量模型式（3-2）和監管資本絕對誤差度量模型式（3-5），首先，通過對監管資本及其絕對誤差度量模型進行分析，獲知其公共影響因子為操作損失分佈特徵參數；然後，探討了在這些損失分佈特徵參數影響下，監管資本及其絕對誤差變動的特徵，進而歸納出絕對誤差隨監管資本變動的一般規律，並對該理論模型進行實例驗證，所得結論如下。

當操作損失強度為 Weibull 分佈時，隨著操作風險增大，監管資本遞增，在尺度參數影響下，監管遺漏風險增大，在形狀參數或頻數參數影響下，監管遺漏風險變動趨勢不僅在每兩區域（圖 5-1 區域Ⅰ到區域Ⅳ，圖 5-2 區域Ⅱ到區域Ⅳ）之間邊界風險狀態位置發生逆轉，而且在圖 5-1 區域Ⅱ和區域Ⅲ

（區域Ⅱ $\Delta c_{\theta_w}^2\sigma_{\theta_w}^2+\Delta c_{\lambda_w}^2\sigma_{\lambda_w}^2=\Delta c_{\xi_w}^2\sigma_{\xi_w}^2$ 和區域Ⅲ $\Delta c_{\theta_w}^2\sigma_{\theta_w}^2=\Delta c_{\lambda_w}^2\sigma_{\lambda_w}^2+\Delta c_{\xi_w}^2\sigma_{\xi_w}^2$）以及圖 5-2 區域Ⅱ～區域Ⅲ（區域Ⅱ $\Delta c_{\theta_w}^2\sigma_{\theta_w}^2+\Delta c_{\xi_w}^2\sigma_{\xi_w}^2=\Delta c_{\lambda_w}^2\sigma_{\lambda_w}^2$、區域Ⅲ $\Delta c_{\theta_w}^2\sigma_{\theta_w}^2=\Delta c_{\xi_w}^2\sigma_{\xi_w}^2+\Delta c_{\lambda_w}^2\sigma_{\lambda_w}^2$ 以及區域Ⅳ $\Delta c_{\theta_w}^2\sigma_{\theta_w}^2+\Delta c_{\lambda_w}^2\sigma_{\lambda_w}^2=\Delta c_{\xi_w}^2\sigma_{\xi_w}^2$）內部都存在發生逆轉的極值風險狀態點，因此，操作風險監管遺漏風險變動趨勢曲線存在多個極值風險狀態點。

當操作損失強度為 Pareto 分佈時，在損失強度分佈特徵參數影響下，隨監管資本遞增，操作風險監管遺漏風險暴露程度增大；在損失頻數分佈影響下，隨監管資本遞增，當 $\xi_p \geq 1$ 時，監管遺漏風險遞增，當 $\xi < 1$ 時，監管遺漏風險呈現出從遞增到不變再到遞減的變化過程，監管遺漏風險變動趨勢存在極值風險狀態點 $\Delta c_{\theta_w}^2\sigma_{\theta_w}^2+\Delta c_{\lambda_w}^2\sigma_{\lambda_w}^2=\Delta c_{\xi_w}^2\sigma_{\xi_w}^2$（$\xi < 1$）。

儘管 Weibull 分佈和 Pareto 分佈屬於不同類型的極值模型，但是，兩者都具有共同特徵：重尾性和極值性。為此，將 Weibull 分佈下和 Pareto 分佈下所得研究結果進行對比後發現，在重尾性極值模型下操作風險監管遺漏風險存在以下共同特徵。

（1）隨著操作風險變化，其監管遺漏風險暴露程度會顯著波動，且其變動趨勢存在極值風險狀態點。由命題 W5-2、命題 W5-3 以及命題 P5-3 可知，隨著操作風險遞增，監管資本遞增，在不同操作風險狀態下，度量誤差可能遞增，也可能遞減，其變動趨勢線可能是一條存在極值點的曲線。這意味著隨著操作風險變動，監管遺漏風險暴露度變動趨勢呈現出不確定性，存在極值風險狀態點。

（2）在頻數參數影響下，隨著操作風險變化，監管遺漏風險暴露波動顯著，這意味著損失頻數變動會加劇其監管遺漏風險變化的敏感性。對比命題 W5-3 和命題 P5-3 可知，在頻數參數影響下，度量誤差變動趨勢都存在發生逆轉的極值風險狀態點：在 Weibull 分佈下存在極值風險狀態點 $\Delta c_{\theta_w}^2\sigma_{\theta_w}^2+\Delta c_{\xi_w}^2\sigma_{\xi_w}^2=\Delta c_{\lambda_w}^2\sigma_{\lambda_w}^2$（圖 5-2 區域Ⅱ）、$\Delta c_{\theta_w}^2\sigma_{\theta_w}^2=\Delta c_{\xi_w}^2\sigma_{\xi_w}^2+\Delta c_{\lambda_w}^2\sigma_{\lambda_w}^2$（圖 5-2 區域Ⅲ）以及 $\Delta c_{\theta_w}^2\sigma_{\theta_w}^2+\Delta c_{\lambda_w}^2\sigma_{\lambda_w}^2=\Delta c_{\xi_w}^2\sigma_{\xi_w}^2$（圖 5-2 區域Ⅳ），在 Pareto 分佈下存在極值風險狀態點 $\Delta h_{\xi}^2V_{\xi}^2=\Delta h_{\mu}^2V_{\mu}^2$。可見，在損失分佈法下，頻數參數變動會導致監管資本度量誤差發生顯著波動，監管遺漏風險暴露變動趨勢出現極值風險狀態點。這

意味著損失頻數變動會使操作風險的重尾性發生顯著變化，進而加劇了監管遺漏風險變化的敏感性。

由此可見，在重尾性極值模型下，操作風險監管遺漏風險變動存在不確定性，其變動趨勢曲線存在多個極值風險狀態點。在這些極值風險狀態點中，監管遺漏風險會對金融機構形成致命威脅。

6 結論與研究展望

6.1 全書總結與創新點

在次貸危機中全球銀行暴露出嚴重的資本數量不足問題，表明 BASEL Ⅱ 資本計提公式低估了監管資本，存在風險監管遺漏問題。已有實證研究表明操作風險具有顯著重尾性，在高置信度下重尾性操作風險度量結果存在不可忽視的不確定性。在監管資本點估計值要求方式下，監管資本度量誤差表徵了監管遺漏風險暴露的程度，通過預測監管資本誤差即可估計監管遺漏風險暴露程度。為此，本書在損失分佈法下，假設損失強度分佈重尾性極值模型為 Weibull 分佈和 Pareto 分佈，對監管資本的相對誤差和絕對誤差進行了系統研究，探尋操作風險監管遺漏風險暴露變動的特徵。首先，本書從損失分佈模型的外推和樣本異質性兩方面分別系統探討了操作風險度量不確定性問題；其次，本書在實證研究基礎上，以理論研究為依據，假設損失強度分佈重尾性極值模型為 Weibull 分佈和 Pareto 分佈，在高置信度下，從理論上探討了操作風險監管資本的相對誤差（V_1 和 V_2）及絕對誤差隨監管資本變動的特徵，並進行了實例分析。具體來講，本書通過以上研究得到如下創新性結論：

（1）通過對操作風險度量不確定性的影響因素的系統研究，發現操作風險度量存在顯著的不確定性。導致操作風險度量不確定性的影響因素主要來自兩方面：①操作損失強度分佈模型存在外推問題。操作風險重尾性原因主要是操作損失具有低頻高強度的特點，即操作損失具有這樣一種特徵，一般情況下發生頻數較小，但是一旦發生，損失額都非常巨大，可能導致金融機構倒閉。因此，巴塞爾協議要求在高置信度下度量操作風險，防範重尾性操作風險，但是，高置信度下的操作損失樣本量非常匱乏。這種特徵導致了損失樣本內的模型外推和損失樣本外的模型外推，以及操作風險度量不確定性問題。②操作樣本存在異質性問題。操作損失樣本是損失分佈法度量的基礎，損失樣本的數量和質量決定著操作風險度量結果的準確性與精確性。如果僅僅以金融機構內部發生的操作損失來度量監管資本，很可能導致低估監管資本。但是，如果引入外部操作損失到損失數據庫中，又會產生門檻不一致異質性以及其他因素異質性問題。為此，本章從門檻值異質性和內外部管理環境異質性兩方面對該問題進行了探討。這種樣本異質性會導致損失分佈模型偏差，從而引起操作風險度量不確定性問題。

（2）根據第 3 章操作風險監管資本 OpVaR(α) 度量模型式（3-2）和監管資本絕對誤差度量模型式（3-5），本書導出相對誤差的度量模型，主要有兩種表現形式，如式（4-2）和式（4-3）所示。顯然，這兩種相對誤差度量模型表現形式存在很大差異，為此，本書分別對這兩種表現形式的相對誤差度量模型進行了研究，所得結論如下。

①在不同相對誤差度量模型下，監管資本及其度量誤差的公共影響因子不同：在相對誤差為 V_1 的情況下，公共影響因子為形狀參數 ξ 和頻數參數 λ；在相對誤差為 V_2 的情況下，公共影響因子為形狀參數 ξ、尺度參數 θ 以及頻數參數 λ。

②在頻數參數影響下，無論是在相對誤差為 V_1 的情況下，還是在相對誤差為 V_2 的情況下，監管資本度量誤差變動趨勢都存在著極值風險狀態點。

a. 在監管資本相對誤差為 V_1 的情況下，當操作損失強度為 Weibull 分佈時，在高置信度 99.9%下，操作風險尾部的重尾性風險性態存在極值風險狀態點：$\ln[\lambda_w/(1-\alpha)]=1$ 和 $m=V_{\lambda_w}^2/V_{\xi_w}^2$。當操作風險變動經歷這兩狀態點時，其尾部的重尾性風險性態將發生突變。當操作損失強度為 Pareto 分佈時，操作風險尾部的重尾性風險性態存在極值風險狀態點：$y=V_{\lambda_p}^2/V_{\xi_p}^2$。當操作風險變動經歷該狀態點時，其尾部的重尾性風險性態將發生突變。

b. 在監管資本相對誤差為 V_2 的情況下，當操作損失強度為 Weibull 分佈時，在頻數參數影響下，隨著操作風險變動，相對誤差 V_2 變動趨勢存在不確定性，且存在極值風險狀態點 $\ln[\lambda_w/(1-\alpha)] \to 1$ 和圖 4-4 區域 CD $\Delta b_{\xi_w}^2 \sigma_{\xi_w}^2 = \Delta b_{\lambda_w}^2 \sigma_{\lambda_w}^2$。當操作損失強度為 Pareto 分佈時，在頻數參數影響下，相對誤差 V_2 變動趨勢存在不確定性，且存在極值風險狀態點 $\Delta b_{\xi_p}^2 \sigma_{\xi_p}^2 = \Delta b_{\lambda_p}^2 \sigma_{\lambda_p}^2$。在該極值風險狀態點，存在度量誤差比監管資本大得非常多的情形。或者說，隨著頻數參數遞減，相對於監管資本來說，度量誤差趨近於任意無窮大。

（3）進一步地，從第 4 章監管資本相對誤差 V_1 和 V_2 的研究可以看出，在不同誤差度量模型下，監管資本及其度量誤差的公共影響因子不同，因此，監管資本度量誤差變動趨勢的特徵也不同。為進一步深入系統研究監管資本度量誤差變動趨勢的特徵，本書在第 3 章研究結果的基礎上進一步探討監管資本絕對誤差隨監管資本變動的一般規律，在重尾性極值模型下操作風險監管遺漏風險存在共同特徵，所得主要結論如下。

①隨著操作風險變化，其監管遺漏風險暴露程度會顯著波動，且其變動趨勢存在極值風險狀態點。由命題 W5-2、命題 W5-3 和命題 P5-3 可知，隨著操作風險遞增、監管資本遞增，在不同操作風險狀態下，度量誤差可能遞增，也可能遞減，其變動趨勢線可能是一條存在極值點的曲線。這意味著隨著操作風險變動，在重尾性極值模型下監管遺漏風險暴露度變動趨勢呈現出不確定性，存在極值風險狀態點。

②在頻數參數影響下，隨著操作風險變化，監管遺漏風險暴露波動顯著，這意味著損失頻數變動會加劇其監管遺漏風險變化的敏感性。對比命題 W5-3 和命題 P5-3 可知，在頻數參數影響下，度量誤差變動趨勢都存在發生逆轉的極值風險狀態點：在 Weibull 分佈下存在極值風險狀態點 $\Delta c_{\theta_w}^2 \sigma_{\theta_w}^2 + \Delta c_{\xi_w}^2 \sigma_{\xi_w}^2 = \Delta c_{\lambda_w}^2 \sigma_{\lambda_w}^2$（圖 5-2 區域 Ⅱ）、$\Delta c_{\theta_w}^2 \sigma_{\theta_w}^2 = \Delta c_{\xi_w}^2 \sigma_{\xi_w}^2 + \Delta c_{\lambda_w}^2 \sigma_{\lambda_w}^2$（圖 5-2 區域 Ⅲ）以及 $\Delta c_{\theta_w}^2 \sigma_{\theta_w}^2 + \Delta c_{\lambda_w}^2 \sigma_{\lambda_w}^2 = \Delta c_{\xi_w}^2 \sigma_{\xi_w}^2$（圖 5-2 區域 Ⅳ），在 Pareto 分佈下存在極值風險狀態點 $\Delta h_\xi^2 V_\xi^2 = \Delta h_\mu^2 V_\mu^2$。可見，在損失分佈法下，頻數參數變動會導致監管資本度量誤差發生顯著波動，監管遺漏風險暴露變動趨勢出現極值風險狀態點。這意味著損失頻數變動會使操作風險的重尾性發生顯著變化，進而加劇了監管遺漏風險變化的敏感性。

綜上所述，在重尾性極值模型下，隨著操作風險變化，監管遺漏風險暴露波動非常敏感，存在多個極值風險狀態點，且損失頻數變動會加劇監管遺漏風險波動的敏感性。究其主要原因有以下幾方面。

（1）操作風險存在嚴重的重尾性，當以重尾性分佈來擬合樣本時，所得分佈模型存在顯著的不確定性。在重尾性極值模型中，無論是 Weibull 分佈還是 Pareto 分佈都存在不可迴避的缺陷。Weibull 分佈屬於 GEV，在以實際樣本建模時，一般首先按等長度對樣本進行分組，以每組最大值序列來擬合分佈模型，因而又稱其為區組模型。在此，分組大小選擇是權衡「偏」和「方差」的結果，若分組過小，所得分佈模型與實際模型有較大差別，導致一個有偏估計，若分組過大，所得區組最大值較少，得到的統計量存在較大方差。Pareto 分佈屬於 GPD，在對實際樣本建模時，一般首先選擇某閾值，以超過該閾值的樣本來擬合分佈模型；若閾值偏大，超出量樣本數量較少，估計量的方差就較大，若閾值偏小，超出量分佈與 Pareto 分佈相差較大，估計量成為有偏估計。由此可見，當分組大小和閾值發生變動時，統計量方差會發生變化，通過誤差傳播法則傳導所形成的監管資本度量誤差隨之變動，監管遺漏風險暴露程度呈現出顯著波動。

（2）監管資本是間接度量結果，該間接度量法必然導致更多的度量不確定性。BASEL Ⅱ 提出複雜性和風險敏感度依次遞增的三種度量方法：基本指標法、標準法、高級計量法。這些方法都屬於間接度量方法。儘管高級計量法（本書為損失分佈法）度量較準確、風險敏感度高，但是，同樣會因間接度量特性而存在不確定性問題：①如前述分析知，當以損失樣本擬合估計損失分佈時，不可避免地會出現不確定性「偏」和「方差」問題；②當估計模型參數時，包括圖形法、矩法、L 矩法以及基於似然函數的各種方法都存在度量誤差，進而導致度量結果差異；③操作風險監管資本是損失強度分佈和損失頻數分佈複合而成的複合分佈在置信度 99.9%下的分位數，在估計分位數過程中，分佈模型參數的估計誤差會通過誤差傳播系數放大分位數的估計誤差。尤其，操作損失分佈具有重尾性和極值性，分佈模型參數的很小變化可能使分位數發生很大變動。監管資本在間接度量的各個環節中出現的這些不確定性，通過誤差傳播法則相互疊加放大，使最終度量結果的不確定性變得非常顯著，導致不可忽視的監管遺漏風險。

隨著操作風險變化，所要求的監管資本隨之變動，上述因素相互影響、相互作用，監管資本度量誤差會發生顯著波動，因此，監管遺漏風險暴露程度變動的敏感性非常顯著。

6.2 政策建議

一般來說，一種度量方法的風險敏感性越高，不僅度量結果準確性越高，而且為風險管理提供的信息量越大。為此，巴塞爾委員會鼓勵採用風險敏感性高的高級計量法。為了獲取更多的損失信息，損失分佈法將操作損失分為損失強度和損失頻數，增強了度量結果的風險敏感性，因此，能夠為操作風險管理措施的制訂和修訂提供更多的信息，從而更好地控制操作風險。但是，損失分佈法風險敏感性強，其度量結果穩定性變差，監管遺漏風險暴露變化也變得更為敏感。由此可見，損失分佈法等高級計量法提高了風險敏感性，增強了其所提供管理信息的及時性和準確性，但也加劇了監管遺漏風險暴露變動的敏感性。

操作風險的重尾性、度量的高置信度特性、度量方法的間接性，使監管資本度量誤差非常顯著，導致不可忽視的監管遺漏風險暴露。當這些變動敏感的監管遺漏風險趨近於極值風險狀態點時，監管遺漏風險暴露程度會趨近於無窮大，必然會對金融機構安全構成致命威脅，可能形成金融危機。因此，必須完善巴塞爾協議金融風險監管，為該類監管遺漏風險要求監管資本。

在理論上，度量誤差反應監管資本變動範圍，所對應的風險是一類或有風險。「緩衝性」資本體現了該類風險的「或有性」，因此，度量誤差所導致的監管遺漏風險應以「緩衝性」資本來進行要求。可見，為徹底解決 BASEL Ⅲ監管遺漏風險問題，必須針對風險監管遺漏產生的根源，為度量誤差所導致的監管遺漏風險要求監管資本，也就是說，須將目前 BASEL Ⅲ 監管資本點估計值要求方式改革為緩衝資本要求方式。

本書為徹底解決類似次貸危機的風險監管遺漏問題找到了可行方案。次貸危機反應出的監管遺漏風險本質上屬於該類監管遺漏風險，BASEL Ⅲ 所增加的留存超額資本（2.5%）、反週期超額資本（0~2.5%）以及槓桿率標準（4%）本質上都屬於「緩衝性」資本。次貸危機可能僅反應了該類監管遺漏風險中的一部分，這些「緩衝性」資本僅是所有度量誤差所導致的監管遺漏風險資本中的一部分，BASELⅢ仍然存在風險監管遺漏問題。可見，本書為緩衝性監管資本要求方式改革所建立的理論基礎，對於深化BASELⅢ改革具有重要意義。

6.3 研究展望

本書儘管對操作風險的度量誤差隨監管資本變動的特徵進行了較充分的研究（在本書框架下是充分的），但仍然存在以下尚待深入展開的問題。

（1）第2章僅以現有文獻為基礎，歸納了操作風險度量不確定性的影響因素。由於操作風險具有顯著重尾性，其度量不確定性的影響因素非常多且複雜，當前正在不斷探索過程中。可以想像，隨著操作風險管理實踐的不斷深入、理論研究的深入開展，操作風險度量不確定性的影響因素的研究會不斷得到完善。

（2）本書僅研究了誤差傳遞系數變動對度量誤差的影響，實際上，在操作風險度量過程中，不僅形狀參數、尺度參數以及頻數參數的標準差變動將影響度量誤差，而且三個特徵參數間的相關性也將影響度量誤差。這些因素怎樣影響度量誤差，是值得深入探討的問題。

（3）本書研究結論的成立存在一定假設條件：①假設操作風險度量方法為損失分佈法：如前所述，操作風險風險度量方法很多（如貝葉斯法、信度模型以及積分卡法等），本書僅分析了損失分佈法度量誤差，所得結論存在一定局限性。當然，不管哪一種度量方法，都不可避免地會存在度量誤差，有必要深入研究，完善本書結論。②假設操作損失強度為重尾性極值分佈，某些類型或者某種狀態操作風險的損失強度分佈也可能為非重尾性分佈，此時本書結論不成立。威脅金融機構安全的是重尾性風險，而不是非重尾性風險，為此，巴塞爾協議操作風險高級計量法穩健標準將重尾性風險作為監管對象。可見，從風險監管角度看，該假設具有一定的現實意義。

參考文獻

[1] 帕什. 運用模型管理操作風險 [M] // ALEXANDER C. 商業銀行操作風險. 陳林龍, 等譯. 北京: 中國金融出版社, 2005: 279-304.

[2] 巴曙松. 巴塞爾新資本協議研究 [M]. 北京: 中國金融出版社, 2003.

[3] 薄純林, 王宗軍. 基於貝葉斯網絡的商業銀行操作風險管理 [J]. 金融理論與實踐, 2008 (1): 44-46.

[4] 陳學華, 楊輝耀, 黃向陽. POT 模型在商業銀行操作風險度量中的應用 [J]. 管理科學, 2003 (1): 49-52.

[5] 諶利, 莫建明. 損失分佈法下操作風險度量的不確定性 [J]. 企業經濟, 2008 (6): 130-132.

[6] 鄧超, 黃波. 貝葉斯網絡模型在商業銀行操作風險管理中的應用 [J]. 統計與決策, 2007 (4): 93-95.

[7] 樊欣, 楊曉光. 從媒體報導看中國商業銀行操作風險狀況 [J]. 管理評論, 2003, 15 (11): 43-47.

[8] 樊欣, 楊曉光. 中國銀行業操作風險的蒙特卡羅模擬估計 [J]. 系統工程理論與實踐, 2005 (5): 12-18.

[9] 高麗君, 李建平, 徐偉宣, 等. 基於 HKKP 估計的商業銀行操作風險估計 [J]. 系統工程, 2006 (6): 58-63.

[10] 高麗君, 李建平, 徐偉宣, 等. 基於 POT 方法的商業銀行操作風險極端值估計 [J]. 運籌與管理, 2007 (2): 112-117.

[11] 顧京圃. 中國商業銀行操作風險管理 [M]. 北京: 中國金融出版

社，2006.

［12］亞歷山大. 運用貝葉斯網絡管理操作風險［M］// ALEXANDER C. 商業銀行操作風險. 陳林龍，等譯. 北京：中國金融出版社，2005：305-316.

［13］肯奈特. 如何建立有效的操作風險管理框架［M］// HÜBNER R. 金融風險管理譯叢——金融機構操作風險新論. 李雪蓮，萬志宏，譯. 天津：南開大學出版社，2005：101-133.

［14］劉超. 基於作業的商業銀行操作風險管理框架：實踐者的視角［J］. 金融論壇，2005（5）：20-25.

［15］厲吉斌. 商業銀行操作風險管理構架體系［J］. 上海金融，2006（5）：37-39.

［16］厲吉斌，歐陽令南. 商業銀行操作風險管理價值的理論與應用［J］. 求索，2006（12）：12-14.

［17］劉家鵬，詹原瑞，劉睿. 基於貝葉斯網絡的銀行操作風險管理系統［J］. 計算機工程，2008，34（18）：266-271.

［18］莫建明，周宗放. LDA 下操作風險價值的置信區間估計及敏感性［J］. 系統工程，2007，25（10）：33-39.

［19］莫建明，周宗放. 操作風險價值及其置信區間靈敏度的仿真分析［A］// 第六屆中國管理科學與工程論壇. 2008 中國發展進程中的管理科學與工程. 上海：上海財經大學出版社，2008：313-317.

［20］莫建明，周宗放. 重尾性操作風險監控參數識別［J］. 系統工程，2008，26（8）：65-71.

［21］莫建明，周宗放，鄭卉. 操作風險價值置信區間長度的關鍵影響參數［C］// 第五屆風險管理國際研討會暨第六屆金融系統工程國際研討會論文集. 2008：368-375.

［22］莫建明，周宗放. 重尾性操作風險的風險價值置信區間的靈敏度研究［J］. 系統工程理論與實踐，2009，29（6）：59-67.

［23］莫建明，周宗放，賀炎林. 重尾性操作風險度量模型與管理模型的連接參數［J］. 系統工程理論與實踐，2011，31（6）：1021-1028.

［24］莫建明，劉錫良，卿樹濤. 損失分佈法下操作風險度量精度變動規律

[J]. 統計研究, 2015, 32 (1): 79-87.

[25] 莫建明, 呂剛, 卿樹濤. Weibull 分佈下操作風險度量精度變動規律 [J]. 系統工程, 2015, 33 (8): 70-78.

[26] 哈本斯克, 哈丁. 損失分佈 [M] // ALEXANDER C. 商業銀行操作風險. 陳林龍, 等譯. 北京: 中國金融出版社, 2005: 181-206.

[27] 哈本斯克. 操作風險管理框架 [M] // ALEXANDER C. 商業銀行操作風險. 陳林龍, 等譯. 北京: 中國金融出版社, 2005: 257-278.

[28] 茆詩松. 統計手冊 [M]. 北京: 科學出版社, 2006.

[29] 歐陽資生. 極值估計在金融保險中的應用 [M]. 北京: 中國經濟出版社, 2006.

[30] 喬立新, 袁愛玲, 馮英浚. 建立網絡銀行操作風險內部控制系統的策略 [J]. 商業研究, 2003 (8): 128-131.

[31] 沈沛龍, 任若恩. 新的資本充足率框架與中國商業銀行風險管理 [J]. 金融研究, 2001 (2): 80-87.

[32] 史道濟. 實用極值統計方法 [M]. 天津: 天津科學技術出版社, 2006.

[33] 田玲, 蔡秋杰. 中國商業銀行操作風險度量模型的選擇與應用 [J]. 中國軟科學, 2003 (8): 38-42.

[34] 唐國儲, 劉京軍. 損失分佈模型在操作風險中的應用分析 [J]. 金融論壇, 2005 (9): 22-26.

[35] 王春峰. 金融市場風險管理 [M]. 天津: 天津大學出版社, 2003: 328-347.

[36] 王廷科. 商業銀行引入操作風險管理的意義與策略分析 [J]. 中國金融, 2003 (13): 23-25.

[37] 薛敏. 新巴塞爾協議對建立中國商業銀行操作風險量化管理模型的啟示 [J]. 西南金融, 2007 (6): 20-21.

[38] 閻慶民, 蔡紅豔. 商業銀行操作風險管理框架評價研究 [J]. 金融研究, 2006 (6): 61-70.

[39] 楊旭. 多變量極值理論在銀行操作風險度量中的運用 [J]. 數學的實

踐與認識，2006（12）：22-26.

［40］姚朝. 損失分佈法對中國銀行業操作風險資本計量的實證分析［J］. 華北金融，2008（5）：23-25.

［41］張明善，唐小我，莫建明. Weibull 分佈下操作風險監管資本及度量精度靈敏度［J］. 系統工程理論與實踐，2014，34（8）：1932-1943.

［42］張文，張屹山. 應用極值理論度量商業銀行操作風險的實證研究［J］. 南方金融，2007（2）：12-14.

［43］周好文，楊旭，聶磊. 銀行操作風險度量的實證分析［J］. 統計研究，2006（6）：47-51.

［44］中國銀行業監督管理委員會. 操作風險管理與監管的穩建做法［Z］. www.cbrc.gov.cn，2003.

［45］中華人民共和國國家質量技術監督局. 測量不確定度評定與表示（JJF1059-1999）［S］. 北京：中國計量出版社，1999.

［46］中國銀行業監督管理委員會. 關於加大防範操作風險工作力度的通知［Z］. www.cbrc.gov.cn，2005.

［47］中國銀行業監督管理委員會. 商業銀行操作風險管理指引［Z］. www.cbrc.gov.cn，2007.

［48］中國銀行業監督管理委員會. 中國銀監會關於印發《中國銀行業實施新資本協議指導意見》的通知［Z］. www.cbrc.gov.cn，2007.

［49］鐘偉，王元. 略論新巴塞爾協議的操作風險管理框架［J］. 國際金融研究，2004（4）：44-51.

［50］張新福，原永中. 商業銀行操作風險管理體系建設研究［J］. 山西財經大學學報，2007，29（7）：91-95.

［51］周效東，湯書昆. 金融風險新領域：操作風險度量與管理研究［J］. 中國軟科學，2003（12）：38-42.

［52］張吉光. 防範商業銀行操作風險探析［J］. 濟南金融，2005（7）：35-40.

［53］ALLEN L，BALI T G. Cyclicality in catastrophic and operational risk measurements［J］. Journal of banking & finance，2007，31（4）：1191-1235.

[54] ADUSEI - POKU K. Operational risk management - implementing a bayesian network for foreign exchange and money market settlement. Dissertation Presented for the Degree of Doctor of Philosophy at the Faculty of Economics and Business Administration of the University of Gäottingen, 2005.

[55] ALEXANDER C. Bayesian methods for measuring operational risk [R]. ICMA Centre Discussion Papers in Finance icma, Henley Business School, Reading University, 2000.

[56] ABAN I B, MEERSCHAERT M. Generalized least squares estimators for the thickness of heavy tails [J]. J. Stat. Plan. Inference, 2004, 119 (2): 341-352.

[57] AUE F, KALKBRENER M. LDA at work [R]. Working Paper, Risk Analytics & Instruments, Risk and Capital Management, Germany, 2007.

[58] BORTKIEWICZ L VON. Variationsbreite und mittlerer fehler [J]. Berlin Math. Ges. Sitzungsber, 1921, 21: 3-11.

[59] Basel Committee on Banking Supervision. International convergence of capital measurement and capital standards: a revised framework [S]. Bank for International Settlements, 2004.

[60] BÜHLMANN H. Mathematical methods in risk theory [M]. Germany: Springer-Verlag Heidelberg, 1970.

[61] Basel Committee on Banking Supervision. Operational risk [R]. Consultative Paper, Bank For International Settlements, 2001.

[62] BAUD N, FRACHOT A, RONCALLI T. Internal data, external data and consortium data for operational risk measurement: how to pool data properly? [R]. Working paper, Groupe de Recherche Opérationnelle, Credit Lyonnais, 2002.

[63] BOCKER K, KLÄUPPELBERG C. Operational VaR: a closed-form approximation [J]. Risk of london, 2005, 18 (12): 90-93.

[64] BOCKER K, SPRITTULLA J. Operational VAR: meaningful means [J]. Risk of london, 2006, 19 (12): 96-98.

[65] BOCKER K. Operational risk analytical results when high-severity losses

follow a generalized pareto distribution (GPD) [J]. Risk of london, 2006, 8 (4): 117-120.

[66] BAUD N, FRACHOT A, RONCALLI T. How to avoid over-estimating capital charge for operational risk? [R]. OperationalRisk-Risk'Newsletter, 2003.

[67] BARRY C A, BALAKRISHNAN N, NAGARAJA H N. A first course in order statistics [M]. New York: Wiley, 1992.

[68] BEIRLANT J, VYNCKIER P, TEUGELS J L P. Practical analysis of extreme values [M]. Leuven: Leuven University Press, 1996.

[69] BEIRLANT J, GOEGEBEUR Y, SEGERS J, et al. Statistics of extremes: theory and applications [M]. John Wiley & Sons, 2004.

[70] BEIRLANT J, VYNCKIER P, TEUGELS J L. Tail index estimation, pareto quantile plots, and regression diagnostics [J]. J. Amer. Statist. Assoc, 1996, 91: 1659-1667.

[71] BEIRLANT J, DIERCKX G, GUILLOU A, et al. On exponential representations of log-spacings of extreme order statistics [J]. Extremes, 2002, 5: 157-180.

[72] BRAZAUSKAS V, SERFLING R. Favorable estimators for fitting pareto models: a study using goodness-of-fit measures with actual data [J]. Astin bulletin, 2003, 33 (2): 365-381.

[73] BERMUDEZ P D Z, TURKMAN M A, TURKMAN K F. A predictive approach to tail probability. estimation [J]. Extremes, 2001, 4 (4): 295-314.

[74] BALI T. An extreme value approach to estimating volatility and value at risk [J]. Journal of business, 2003, 76 (1), 83-108.

[75] Basel Committee on Banking Supervision, Risk Management Group. The quantitative impact study for operational risk: overview of individual loss data and lessons learned [Z]. 2002.

[76] Basle Committee on Banking Supervision, Operational Risk Management [R]. Risk Management Sub - group of the Basle Committee on Banking Supervision, 1998.

[77] COWELL R G, VERRALL R J, YOON Y K. Modelling operational risk with beyesian networks [J]. Journal of risk and insurance, 2007, 74 (4): 795-827.

[78] CHOULAKIAN V, STEPHENS M A. Goodness-of-fit tests for the generalized pareto distribution [J]. Technometrics, 2001, 43 (4): 478-484.

[79] CLEMENTE A D, ROMANO C. A copula-extreme value theory approach for modelling operational risk [R]. Working paper, 2003.

[80] CHAPELLE A, CRAMA Y, HÜBNER G, et al. Practical methods for measuring and managing operational risk in the financial sector: a clinical study [J]. Journal of banking & finance, 2008, 32 (6): 1049-1061.

[81] CRUZ M G. Operational risk modelling and analysis: theory and practice [M]. London: Risk Waters Group, 2004.

[82] CHAVEZ - DEMOULIN V, EMBRECHTS P, NESLEHOVA J. Quantitative models for operational risk: extremes, dependence and aggregation [J]. Journal of banking & finance, 2006, 30 (10): 2635-2658.

[83] COLES S. An introduction to statistical modeling of extreme values [M]. London: Springer, 2001.

[84] CASTILLO E. Extreme value theory in engineering [M]. San Diego: Academic Press, 1988.

[85] DIONNE G, DAHEN H. What about underevaluating operational value at risk in the banking sector? [C]. The 6th Annual Premier Global Event on ERM, 2008.

[86] DUTTA K, PERRY J. A tale of tails: an empirical analysis of loss distribution models for estimating operational risk capital [R]. Federal Reserve Bank of Boston, working paper, 2006: 6-13.

[87] DE FONTNOUVELLE P, ROSENGREN E. Implications of alternative operational risk modeling techniques [R]. Working paper, federal reserv bank of boston, 2004.

[88] DAVISON S. A review of adhesives and consolidants used on glass antiq-

uities. In adhesives and consolidants [M]. BROMMELLE N S, et al. London: International Institute for the Conservation of Historic and Artistic Works, 1984: 191-94.

[89] DODD E L. The greatest and least variate under general laws of error [J]. Trans. Amer. Math. Soc, 1923, 25: 525-539.

[90] DALLA VALLE L, GIUDICIB P. A bayesian approach to estimate the marginal loss distributions in operational risk management [J]. Computational statistics & data analysis, 2008, 52 (6): 3107-3127.

[91] DOWD K. Beyond value at risk [M]. New York: John Wiley & Sons, 1998.

[92] DIETRICH D, HAAN L D. Testing extreme value conditions [J]. Extremes, 2002, 5 (1): 71-85.

[93] DE HAAN L, ROOTZÉN H. On the estimation of high quantiles [J]. J. Statist. Plann. Inference, 1993, 35: 1-13.

[94] DANIELSSON J, DE VRIES C. Tail index and quantile estimation with very high frequency data [J]. J. Empir. Finance, 1997, 4: 241-257.

[95] DANIELSSON J, DE VRIES C G. Beyond the sample: extreme quantile and probability estimation [R]. Tinbergen Institute Discussion Paper, TI 98-016/2, 1998.

[96] DANIELSSON J. HAAN L D, PENG L, et al. Using bootstrap method to choose the sample fraction in tail index estimation [J]. Journal of multivariate analysis, 2001, 76: 226-248.

[97] DUPUIS D J. Exceedanecs over high thresholds: a guide to threshold selection [J]. Extreme, 1998, 3 (1): 251-261.

[98] DAVID H A. Order statistics [M]. 2nd ed. New York: Wiley, 1981.

[99] EMBRECHTS P, FURRER H, KAUFMANN R. Quantifying regulatory capital for operational [M] // EMBRECHTS P, KLÜPPELBERG C, MIKOSCH T. Modelling extremal events for insurance and finance. Berlin: Springer, 1997: 705-729.

[100] FINKELSTADT B, ROOTZEN H. Extreme values in finance, telecom-

munications, and the environment boca raton [M]. Florida: Chapman & Hall/CRC press, 2003.

[101] FRACHOT A, GEORGES P, RONCALLIY T. Loss distribution approach for operational risk [Z]. 2001. http://papers.ssrn.com.

[102] Finaneial Serviees Authority. CP142, 2002 (7): 1-8.

[103] Federal Reserve System, Office of the Comptroller of the Currency, Office of Thrift Supervision and Federal Deposit Insurance Corporation. Results of the 2004 loss data collection exercise for operational risk [Z]. 2005.

[104] FRACHOT A, RONCALLI T. Mixing internal and external data for managing operational risk [R]. Working paper, Groupe de Recherche Operationnelle, Credit Lyonnais, France, 2002.

[105] FRACHOT A, RONCALLI T, SALOMON E. The correlation problem in operational risk [R]. Working paper, Groupe de Recherche Opérationnelle, Credit Lyonnais, 2004.

[106] FRACHOT A, MOUDOULAUD O, RONCALLI T. Loss distribution approach in pratice, in micheal ong, the basel handbook: a guide for financial practitioners [M]. Risk Books, 2007.

[107] FRECHET M. Sur la loi de probabilité de l'écart maximum [J]. Ann. Soc. Polon. Math. Cracovie, 1927, 6: 93-116.

[108] FISHER R A, TIPPETT L H C. Limiting forms of the frequency distributions of the largest of smallest member of a sample [J]. Proc. Camb. Phil. Soc, 1928, 24: 180-190.

[109] FERREIRA A, HAAN L D, PENG L. On optimizing the estimation of high quantiles of a probability distribution [J]. Statistics, 2003, 37 (5): 401-434.

[110] FERREIRA A. Optimal asymptotic estimation of small exceedance probabilities [J]. J. Statist. Plann. Inference, 2002, 53: 83-102.

[111] GALAMBOS J. The asymptotic theory of extreme order statistics [M]. 2nd ed. Florida: Krieger, 1987.

[112] GNEDENKO B. Sur la distribution limite du terme d'une série alèatoire [J]. Ann. Math., 1943, 44: 423-453.

[113] GUMBEL E J. Statistics of extremes [M]. New York: Columbia University Press, 1958.

[114] GUILLOU A, HALL P. A diagnostic for selecting the threshold in extreme value analysis [J]. J. Roy. Statist. Soc, 2001, Ser. B, 63: 293-305.

[115] GROENEBOOM P, LOPUHAA H P, DE WOLF P. Kernel-type estimators for the extreme value index [J]. Ann. Statist, 2003, 31 (6): 1956-1995.

[116] HAAN L D. On regular variation and its application to the weak convergence of sample extremes [J]. Mathematical centre racts, 1970 (32).

[117] HAAN L D. A form of regular variation and its application to the domain of attraction of the double exponential [J]. Z. Wahrsch. Geb, 1971, 17: 241-258.

[118] HOFFMAN D. Managing operational risk: 20 firmwide best practice strategies [M]. New York: John Wiley & Sons, 2002.

[119] HARTUNG T. Operational risks: modelling and quantifying the impact of insurance solutions [R]. Working Paper, Institute of Risk Management and Insurance Industry, Ludwig-Maximilians-University Munich, Germany, 2004.

[120] HUISMAN R, KOEDIJK K G, KOOL C J M, et al. Tail - index estimates in small sample [J]. Journal of Business & Economic Statistics, 2001, 19 (1): 208- 216.

[121] KING J L. Operational risk: measurement and modelling [M]. New York: John Wiley&Sons, 2001.

[122] JORION P. Value at risk [M]. New York: McGraw-Hill, 2001.

[123] MO J M, ZHOU Z F. Optimal selection of loss severity distribution based on LDA [C]. 4th International Conference on Networked Computing and Advanced Information Management (NCM2008), 2008, 2: 570 - 574.

[124] KINNISON R. Applied extreme value statistics [M]. Battelle Press, Macmollan, 1985.

[125] KUPIEC P. Techniques for verifying the accuracy of risk measurement

models [J]. Journal of derivatives, 1995, 3: 73-84.

[126] KOTZ S, NADARAJAH S. Extreme value distributions: theory and applications [M]. London: Imperial College Press, 2000.

[127] KALHOFF A, MARCUS H. Operational risk-management based on the current loss data situation, operational risk modelling and analysis [M]. RiskBooks, 2004.

[128] LONGIN F M. From value at risk to stress testing: the extreme value approach [J]. Journal of banking and finance, 2000 (24): 1097-1130.

[129] LEADBETTER M R, LINDGREN G, ROOTZEN H. Extremes and related properties of random sequences and processes [M]. New York: Springer-Verlag, 1983.

[130] MISES R. von.. Uber die variationsbreite einer beobachtungsreihe [J]. Berlin: Math. Ges. Sitzungsber, 1923, 22: 3-8.

[131] MISES R. von.. La distribution de la plus grande de n valeurs [J]. Rev. Math. Union Interbalk, 1936, 1: 141 - 160. Reproduced in Selected Papers of Richard von Mises, Amer. Math. Soc, 1954: 271-294.

[132] MASHALL C. Measuring and managing operational risks in financial institution [M]. New York: John Wiley & Sons, 2001.

[133] MIGNOLA G, UGOCCIONI R. Sources of uncertainty in modelling operational risk losses [J]. The journal of operational risk, 2006, 1 (2): 33-50.

[134] MIGNOLA G, UGOCCIONI R. Tests of extreme value theory applied to operational risk data [R/OL]. http://www.gloriamundi.org/picsresources/gmru.pdf, 2005.

[135] MOSCADELLI M. The modelling of operational risk: experience with the analysis of the data collected by the basel committee [R]. Technical Report 517, Banca D'Italia, 2004.

[136] MCNEIL . J. Estimating the tails of loss severity distributions using extreme value theory [J]. Astin bulletin, 1997, 27 (1): 117-137.

[137] MCNEIL A J, FREY R. Estimation of tail-related risk measures for het-

eroscedastic financial time series: an extreme value approach [J]. Journal of Empirical Finance, 2000, 7: 271-300.

[138] MCNEIL A J, SALADIN T. Developing scenarios for future extreme losses using the POT method. Embrechts PME, In extremes and integrated risk management [M]. London: Risk Books, 2000.

[139] MATTHYS G, BEIRLANT J. Estimating the extreme value index and high quantiles with exponential regression models [J]. Statistica sinica, 2003, 13 (3): 853-880.

[140] NEIL M, FENTON N E, TAILOR M. Using bayesian networks to model expected and unexpected operational losses [J]. Risk analysis, 2005, 25 (4): 1539-6924.

[141] NA H S. Analysing and Scaling Operational Risk. Master Thesis. Erasmus University Rotterdam, Netherlands, 2004.

[142] NA H S, MIRANDA L C, VAN DEN BERG J, et al. Data scaling for operational risk modelling [C]. ERIM Report Series research in management, 2005.

[143] NA H S, VAN DEN BERG J, MIRANDA L C, et al. An econometric model to scale operational losses [J]. Operational risk, 2006, 1 (2): 11-31.

[144] POWER M. The invention of operational risk [J]. The university of new south wales, 2003 (2): 3-4.

[145] PATRICK F, DEJESUS-RUEFF V, JORDAN J, et al.. Capital and risk: new evidence on implications of large operational losses [R]. Working paper, Federal Reserve Bank of Boston, 2003.

[146] PICKANDS J. Statistical inference using extreme order-statistics [M]. Ann. Statist, 1975.

[147] RESNICK S I. Extreme values, regular variation and point processes [M]. New York: Springer-Verlag, 1987.

[148] REISS R D. Approximate distributions of order statistics: with applications to nonparametric statistics [M]. New York: Springer-Verlag, 1989.

[149] REISS R D, THOMAS M. Statistical analysis of extreme value with applications to insurance, finance, hydrology and other fields [M]. Berlin: Birkhauser, 2001.

[150] Risk [R/OL]. http://www. gloriamundi. org/picsresources/pesrgs. pdf, 2003.

[151] RESNICK S, STĂRICĂ C. Smoothing the moment estimator of the extreme value. parameter [J]. Extremes, 1999, 1 (3): 263-293.

[152] RAMAMURTHY S, ARORA H, GHOSH A. Operational risk and probabilistic networks-an application to corporate actions processing [R/OL]. Working paper. http://www.hugin.com/cases/Finance/Infosys/oprisk.article, 2005.

[153] SMITH R L. Threshold methods for sample extremes [J]. In Tiago Olivera, J. editor Statistical Extremes and Applications, 1984: 621-638.

[154] SMITH R L. Maximum likelihood estimation in a class of non-regular cases [J]. Biometrika, 1985, 72: 67-90.

[155] SMITH R S. Measuring risk with extreme value theory. in embrechts p ed. extremes and integrated risk management [M]. London: Risk Book, 2000: 19-35.

[156] Third consultative paper (CP3) on the New Basel Capital Accord [R]. Basel: The Basel Committee on Banking Supervision Bank for International Settlements CH-4002 Basel, Switzerland, 2003

[157] SHIH J, SAMAD-KHAN A H, MEDAPA P. Is the size of an operational loss related to firm size? [J]. Operational risk, 2000, 2 (1): 21-22.

[158] TIPPETT L H C. On the ectreme individuals and the range of samples taken from a normal population [J]. Biometrika, 1925, 17: 364-387.

[159] VAN MONTFORT M A J, WITTER J V. Testing exponentiality against generalized pareto distributions [J]. J. Hydrol, 1985, 78 (3/4): 305-315.

[160] WEIBULL W. A statistical theory of strength of materials [C]. Proc. Ing. Vetenskapsakad, 1939: 151.

[161] WEIBULL W. A statistical distribution of wide applicability [J]. J. Appl. Mechanics, 1951, 18: 293-297.

[162] YASUDA Y. Application of Bayesian Inference to Operational Risk Management [D]. Master Dissertation of Finance. Tsukuba: University of Tsukuba, 2003.

致謝

首先，我衷心感謝我的合作導師劉錫良教授。在書稿的整個撰寫過程中，劉老師以博大精深的學識造詣、嚴謹認真的治學風範和敏鋭的學術洞察力，始終給我熱情的鼓勵和高瞻遠矚的引導。

其次，感謝曾康霖教授、劉錫良教授、王擎教授、董青馬副教授、曹廷貴教授、倪克勤教授、洪正教授及所有金融中心老師的幫助和啓發。感謝金融中心謝彩霞主任、王豔嬌老師、毛劍飛老師及行政辦公室所有老師，謝謝你們對我提供的無私幫助。

再次，感謝科研處蔡春教授、毛中根教授、謝波、趙峰、呂剛及所有科研處老師給我的幫助和關心，感謝研究生院周忠老師。感謝我所有的親人，鼓勵我選擇了這條充滿艱辛和精彩的學術之路，給予我全力的支持。論文的完成，飽含了他們的無私奉獻。

最後，感謝所有給過我幫助的人們，是你們成就了我今天的成績，並鼓勵和支撐我走向明天。

國家圖書館出版品預行編目（CIP）資料

重尾性極值模型下操作風險監管遺漏風險研究：基於操作風險度量不確定性視角 / 莫建明, 謝昊洋, 卿樹濤 著. -- 第一版.
-- 臺北市：財經錢線文化, 2019.10
面；　公分
POD版
ISBN 978-957-680-373-4(平裝)

1.風險管理

494.6　　　　108016516

書　　名：重尾性極值模型下操作風險監管遺漏風險研究：基於操作風險度量不確定性視角
作　　者：莫建明、謝昊洋、卿樹濤 著
發 行 人：黃振庭
出 版 者：財經錢線文化事業有限公司
發 行 者：財經錢線文化事業有限公司
E-mail：sonbookservice@gmail.com
粉 絲 頁：　　網 址：
地　　址：台北市中正區重慶南路一段六十一號八樓 815 室
8F.-815, No.61, Sec. 1, Chongqing S. Rd., Zhongzheng Dist., Taipei City 100, Taiwan (R.O.C.)
電　　話：(02)2370-3310 傳　真：(02) 2370-3210
總 經 銷：紅螞蟻圖書有限公司
地　　址：台北市內湖區舊宗路二段 121 巷 19 號
電　　話：02-2795-3656 傳真：02-2795-4100　　網址：
印　　刷：京峯彩色印刷有限公司（京峰數位）

定　　價：280元
發行日期：2019 年 10 月第一版
◎ 本書以 POD 印製發行